应用型本科规划教材

土 力 学

主　编　马海龙

副主编　杨迎晓　魏新江　李　强

浙江大学出版社

内 容 提 要

本教材是根据全国高等学校应用型本科土木工程专业教学指导委员会编制的教学大纲编写的，内容包括土的物理性质及工程分类、土中的应力、土的压缩性和地基沉降、土的抗剪强度、土压力及土坡稳定、地基承载力等，着重对土力学基本理论的讲解及工程应用的阐述。

本书可作为土木工程本科专业各专业方向，如建筑工程、岩土工程、道桥工程、市政工程、地下工程等的土力学课程教材，亦可供从事土木工程专业的技术人员参考。

图书在版编目（CIP）数据

土力学 / 马海龙主编. —杭州:浙江大学出版社，
2007.2(2025.7 重印)
应用型本科规划教材
ISBN 978-7-308-05029-6

Ⅰ.土… Ⅱ.马… Ⅲ.土力学－高等学校－教材
Ⅳ.TU43

中国版本图书馆 CIP 数据核字（2006）第 134157 号

土力学

马海龙　主编

丛书策划	樊晓燕
责任编辑	王　波
封面设计	刘依群
出版发行	浙江大学出版社
	（杭州市天目山路 148 号　邮政编码 310007）
	（网址:http://www.zjupress.com）
排　　版	杭州青翊图文设计有限公司
印　　刷	杭州钱江彩色印务有限公司
开　　本	787mm×1092mm　1/16
印　　张	10
字　　数	243 千
版印次	2007 年 2 月第 1 版　2025 年 7 月第 10 次印刷
书　　号	ISBN 978-7-308-05029-6
定　　价	28.00 元

应用型本科院校土木工程专业规划教材

编 委 会

总　序

　　近年来我国高等教育事业得到了空前的发展,高等院校的招生规模有了很大的扩展,在全国范围内发展了一大批以独立学院为代表的应用型本科院校,这对我国高等教育的持续、健康发展具有重要的意义。

　　应用型本科院校以培养应用型人才为主要目标,目前,应用型本科院校开设的大多是一些针对性较强、应用特色明确的本科专业,但与此不相适应的是,当前,对于应用型本科院校来说作为知识传承载体的教材建设远远滞后于应用型人才培养的步伐。应用型本科院校所采用的教材大多是直接选用普通高校的那些适用研究型人才培养的教材。这些教材往往过分强调系统性和完整性,偏重基础理论知识,而对应用知识的传授却不足,难以充分体现应用类本科人才的培养特点,无法直接有效地满足应用型本科院校的实际教学需要。对于正在迅速发展的应用型本科院校来说,抓住教材建设这一重要环节,是实现其长期稳步发展的基本保证,也是体现其办学特色的基本措施。

　　浙江大学出版社认识到,高校教育层次化与多样化的发展趋势对出版社提出了更高的要求,即无论在选题策划,还是在出版模式上都要进一步细化,以满足不同层次的高校的教学需求。应用型本科院校是介于普通本科与高职之间的一个新兴办学群体,它有别于普通的本科教育,但又不能偏离本科生教学的基本要求,因此,教材编写必须围绕本科生所要掌握的基本知识与概念展开。但是,培养应用型与技术型人才又是应用型本科院校的教学宗旨,这就要求教材改革必须淡化学术研究成分,在章节的编排上先易后难,既要低起点,又要有坡度、上水平,更要进一步强化应用能力的培养。

　　为了满足当今社会对土木工程专业应用型人才的需要,许多应用型本科院校都设置了相关的专业。土木工程专业是以培养注册工程师为目标,国家土木工程专业教育评估委员会对土木工程专业教育有具体的指导意见。针对这些情况,浙江大学出版社组织了十几所应用型本科院校土木工程类专业的教师共同开展了"应用型本科土木工程专业教材建设"项目的研究,探讨如何编写既能满足注册工程师知识结构要求、又能真正做到应用型本科院校"因材施教"、适合应用型本科层次土木工程类专业人才培养的系列教材。在此基础上，组建了编委会，确定共同编写"应用型本科院校土木工程专业规划教材"系列。

本套规划教材具有以下特色：

在编写的指导思想上，以"应用型本科"学生为主要授课对象，以培养应用型人才为基本目的，以"实用、适用、够用"为基本原则。"实用"是对本课程涉及的基本原理、基本性质、基本方法要讲全、讲透，概念准确清晰。"适用"是适用于授课对象，即应用型本科层次的学生。"够用"就是以注册工程师知识结构为导向，以应用型人才为培养目的，达到理论够用，不追求理论深度和内容的广度。

在教材的编写上重在基本概念、基本方法的表述。编写内容在保证教材结构体系完整的前提下，注重基本概念，追求过程简明、清晰和准确，重在原理。做到重点突出、叙述简洁、易教易学。

在作者的遴选上强调作者应具有应用型本科教学的丰富教学经验，有较高的学术水平并具有教材编写经验。为了既实现"因材施教"的目的，又保证教材的编写质量，我们组织了两支队伍，一支是了解应用型本科层次的教学特点、就业方向的一线教师队伍，由他们通过研讨决定教材的整体框架、内容选取与案例设计，并完成编写；另一支是由本专业的资深教授组成的专家队伍，负责教材的审稿和把关，以确保教材质量。

相信这套精心策划、认真组织、精心编写和出版的系列教材会得到相关院校的认可，对于应用型本科院校土木工程类专业的教学改革和教材建设起到积极的推动作用。

系列教材编委会主任

浙江大学建筑工程学院常务副院长

教育部长江学者特聘教授

陈云敏

2007 年 1 月

前　言

　　为了适应土木工程专业教学改革的需要,我们组织编写了应用型大学本科教材《土力学》,内容适应《建筑地基基础设计规范》(GB 50007—2002)以及《土工试验方法标准》(GBT 50123—1999)要求。该书对土力学基本理论作了详尽的阐述,突出了基本理论在实际工程中的应用,可作为土木工程本科专业各专业方向,如建筑工程、岩土工程、道桥工程、市政工程、地下工程等的土力学课程教材,亦可供从事土木工程专业的技术人员参考。

　　《土力学》由浙江理工大学教授马海龙博士主编,全书共分7章。以下是章名和编写人员:

　　第1章　绪论　浙江理工大学　马海龙

　　第2章　土的物理性质及工程分类

　　第2.1节、第2.2节、第2.3节、第2.9节　浙江树人大学　徐毅青

　　第2.4节、第2.5节、第2.6节、第2.7节、第2.8节　浙江理工大学　马海龙

　　第3章　土中应力计算　浙江大学城市学院　魏新江

　　第4章　土的压缩性和地基沉降计算　浙江海洋学院　李强

　　第5章　土的抗剪强度　浙江树人大学　靳建明

　　第6章　土压力及土坡稳定　浙江大学城市学院　李玉超

　　第7章　地基承载力　浙江树人大学　杨迎晓

　　马海龙在第二次印刷前,对全书第一版做了全面修订。

　　由于编者理解领会应用型本科土木工程专业教学指导委员会编制的教学大纲深度不够,以及编写能力、水平限制,教材中会有不当甚至谬误之处,敬请各位读者不吝指正为盼。

编　者

2009年8月

目　录

第1章 绪 论

1.1 概 述

1.1.1 什么是土力学

土力学是一门研究土的力学性质的学科。自然界的土是一种散体材料。和我们学过的建筑材料中的混凝土、钢筋相比,土的物理力学参数离散性大,这是由土的成因决定的。天然的土是矿物颗粒的松散堆积物,具有孔隙,孔隙内往往还填充有水和空气,而水和空气在土中所占比例,直接影响着土的力学性质。因此,土力学实际上包含了固体力学和水力学的部分内容,是将固体力学和水力学的相关知识运用到土体中来,以解决工程建设活动中的有关土的强度、变形和稳定等问题。

万丈高楼平地起,土木工程活动从开始的那天起,就注定了首先必须与土打交道,必须解决土的问题。和其他材料(或构件)的研究内容一样,土力学也要解决强度、变形和稳定性问题。国内外工程中,因土的问题没解决好而出现的工程事故让我们警醒,强调失败的教训会更能引起我们的注意。这里列举了国内外几例典型工程实录,总体上分为三大类:一是土体强度不足引起的工程事故,这是灾难性的;二是变形过大,及其导致的倾斜问题;三是土的特性(水土混合物)在动荷载作用下,导致的土体强度降低问题。

1.1.2 由土力学引起的基础工程问题实录

1.加拿大特朗斯康谷仓地基土的整体剪切破坏

加拿大特朗斯康谷仓(Transcona Grain Elevator),每排 13 个圆柱形筒仓,5 排共计 65 个筒仓,南北向长 59.44m,东西向宽 23.47m,筒高 31.00m,其下为片筏基础,筏板厚 610mm,埋深 3.66m。

谷仓于 1911 年动工,1913 年秋竣工。谷仓自重 200000kN,此时的基底压力约为 143kPa,而设计满载时的基底压力(工作荷载)为 337kPa。1913 年 9 月初开始陆续储存谷物,10 月 17 日当谷仓装至 31822m³ 谷物时,谷仓西侧突然陷入土中 8.8m,东侧则抬高 1.5m,结构物向西倾斜,并在 2 小时内谷仓倾倒,倾斜度离垂线达 26°53′(见图 1-1 所示)。由于该谷仓的整体性很好,倾斜后谷仓筒体结构未受太大影响,就结构部分来说,尚能继续使用。事后在下面又做了 70 多个支承于基岩上的混凝土墩、使用 388 个 500kN 千斤顶以及支撑系统,才把仓体逐渐纠正过来,但整体比原来降低了4m。

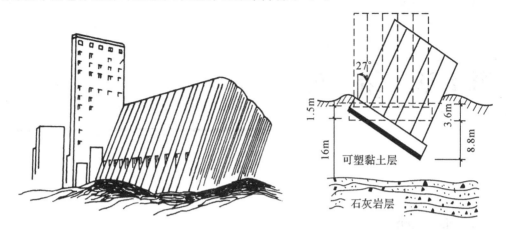

图 1-1　加拿大特朗斯康谷仓地基强度不足导致的破坏事故

2. 苏州虎丘塔地基土不均匀沉降发生倾斜

虎丘塔(见图 1-2)位于苏州市虎丘公园山顶,落成于宋太祖建隆二年(公元 961 年),距今已有 1046 年悠久历史。全塔 7 层,塔底直径为 13.66m,高 47.5m,重 63000kN,整个塔支承在内外 12 个砖墩上。塔的平面呈八角形,由外壁、回廊与塔心三部分组成。1961 年 3 月 4 日,国务院将此塔列为全国重点保护文物。

图 1-2　苏州虎丘塔因地基不均匀变形倾斜

1957 年塔顶偏移轴线 1.7m,1978 年达到 2.3m,塔的重心偏离轴线 0.924m。塔体向东北方向倾斜,东北侧塔身受压,而相反的西南侧塔身受拉,因此出现了典型的拉压裂缝,东北方向为竖向裂缝,西南方向为水平裂缝。后来采取在塔四周建造一圈桩排式地下连续墙,并对塔周围与塔基进行钻孔注浆和树根桩加固,控制了塔的倾斜趋势。

3. 上海展览中心地基土最大压缩 1600mm

上海展览中心原称上海工业展览馆(见图 1-3),坐落在上海市延安中路 1000 号,是 20 世纪 50 年代上海规模最大、气势最雄伟的俄式建筑群。

展览中心中央大厅为框架结构、箱形基础,展览馆两翼采用条形基础。箱形基础为两层,埋深 7.27m,地基为高压缩性淤泥质软土。箱基顶面至中央大厅顶部塔尖,总高 96.63m。展览馆于 1954 年 5 月开工,当年年底实测地基平均沉降量为 600mm。1957 年 6 月,中央大厅四周的沉降量最大达 1466mm,最小为 1228mm。到 1979 年,累计平均沉降量为 1600mm。由

图 1-3 上海展览中心严重沉降

于中央大厅基础工程首次采用了当时先进的箱形基础,使整个建筑物上下成为一体,因此沉降相对比较均匀。

4. 日本新泻地震引发的砂土液化现象

发生于 1964 年 6 月 16 日的日本新泻地震,震级为 7.5 级,震中位于距离新泻码头 60km 的海底。它有一个显著的特点是,砂土液化造成了严重的震害,楼房由于地基砂土液化而倾斜或倾覆(见图 1-4),因此引起人们对砂土液化问题的进一步关注。

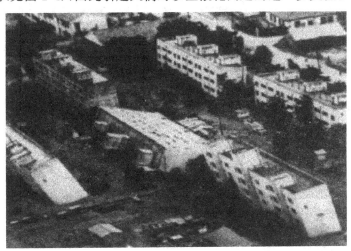

图 1-4 日本新泻地震引发的液化现象

在地震作用时,砂土颗粒处于悬浮状态,土中的有效应力会部分或完全丧失,土的抗剪强度急剧降低,土变成了可流动的水土混合物,导致楼房倾斜或倾覆。在地震设防区,一般应避免采用未经加固处理的可液化土层作天然地基持力层。

1.2 土力学的研究对象、内容和方法

由 1.1 节可以初步了解到,因未能有效、科学地研究和应用土力学基本理论和方法解决工程实际问题,由此引发的土力学事故是严重的,补救所花费的成本相当昂贵,因此必须重视土力学理论的学习和研究。

土力学的研究对象是土体。若将土体看成连续均匀的各向同性弹性体时,则土力学的研究对象就是土体在外荷载作用下的力学性质,以及与其相关的变形表现。土力学中很多公式都来源于先期学过的力学课程里。

土力学研究主要包含这样几方面的内容:

一是土的强度问题。土的强度最直接的表现就是土承担外荷载的能力(即土的承载力)。土的承载力从广义上讲就是单位面积土体上的压力,具体到工程,有承载力极限状态和正常使用状态两种条件下所表现出来的承载力。举一个例子,就像一个人挑担子一样,质量为70kg 时,勉强挑起来,此时两腿已经发抖,显然,这个人在这样负荷条件下无法正常工作。而挑起 40kg 时,却能正常行走,也不对该人身体产生什么伤害。前者就是这个人的极限负重,而后者则是正常工作时的负重。

对地基土强度的研究也是如此,也要确定极限值和正常使用值。加拿大特朗斯康谷仓地基土的整体剪切破坏,就是因为施加的荷载大于地基土的极限荷载引起的。

二是土的变形问题。土的变形跟建筑物沉降是对应的,土的变形包括均匀变形和不均匀变形。地基土的均匀变形往往不会导致建筑物倒塌等严重后果,但过大的变形会严重影响建筑物的使用功能。上海展览中心由于地基严重下沉,不仅使散水倒坡,而且使建筑物内外连接的水、暖、电管道断裂,导致建筑物不能正常使用。

不均匀变形往往引起建筑物的倾斜,过大的倾斜会影响建筑物构件的正常工作,也影响正常使用,甚至会带来建筑物灾难性事故。根据《危险房屋鉴定标准(JGJ 125—99)》(2004版),地基产生不均匀沉降,当房屋倾斜率大于 1‰时,可评定为危险状态。此时,就要花费很大代价对建筑物实施纠倾、加固等措施,以确保建筑物的安全和正常使用。苏州虎丘塔的地基加固实施前慎之又慎,事先还为此进行了专项树根桩加固的研究。

另外,实际的土体并非均匀连续各向同性的弹性体,里面还含有孔隙水。由于水的存在,使土体的力学、变形性质表现得非常复杂。1964 年 6 月 16 日的日本新泻地震中发生的液化现象,是土力学的渗流、有效应力原理等基本理论在实际中的反映。液化只是土体的一种工程表观现象。只有深入地学习了土力学基本理论,我们才有可能对出现的工程现象进行解释,进而采用科学合理的方法去处理。我们必须知道,学好土力学不仅仅是要掌握它的理论部分,还要能通过理论去解决工程实际问题。

1.3 土力学的发展

翻开土力学的发展历史我们不难看到,在长达一个多世纪的发展中,众多研究者为解决工程实际问题而在各自岗位上做出了不同的探索。最初土力学的个别理论多与解决铁路路基问题有关。有几个里程碑式的研究成果必须提及,是它们为土力学的发展作出了不朽的贡献。

1773 年,法国工程师 C. A. 库伦创立了抗剪强度公式及挡土墙土压力的滑楔体理论(土体抗剪强度理论的诞生)。

1885 年,法国的 J. 布辛奈斯克求得了弹性半空间无限体表面在竖向集中力作用下的应力和变形的理论解(土体应力应变、变形理论的诞生)。

1922 年,瑞典的 W. 费伦纽斯提出了土坡稳定分析法(土体稳定性理论的诞生)。

众多学者的研究,初步奠定了土力学的理论基础,但这些还是零星的、非系统的。直到1925年美国的土力学家太沙基归纳前人的成就,发表了《土力学》一书,第一次比较系统地介绍了土力学的基本内容时,土力学才真正成为一门独立的学科。太沙基因而被尊为土力学这门学科的奠基人。

土力学作为一门学科是年轻的,但因社会经济的蓬勃发展,现代化计算手段的出现,也就推动了土力学的研究、发展和应用。并且,土力学的发展是快速的,目前已出现了更能体现土体本质特性的其他模型,比如黏弹塑性模型等,还展开了非饱和土理论、液化破坏理论、渐进破坏理论等的研究,出现了计算土力学、试验土力学、环境土力学等研究方向。

1.4　本课程的主要内容

1.4.1　本书中土力学的主要内容

1. 土的物理性质及力学性质指标

第2章"土的物理性质及工程分类",主要论述了土的物理性质指标及这些指标的工程应用和土的工程分类。着重讲述了土的9个物理性质指标、无黏性土的密实度指标和黏性土的稠度指标。

土的力学性能指标包括压缩性指标和强度指标。第4章"土的压缩性和地基沉降计算"讲述了土的压缩性指标及其工程应用,第5章"土的抗剪强度"讲述了土的强度指标及其工程应用。

这些指标都是通过特定的试验获得的。因此,与其相关的土力学基本试验包括,确定土物理性质指标的液塑性试验、确定土压实性指标的击实试验、确定土压缩性指标的压缩试验、确定土强度指标的剪切试验。上述几个试验均需学生独立完成。

2. 在外荷载与自重作用下的土体中应力计算

土体在外荷载作用下通常会出现压缩变形。建筑物建造以后,土体中的应力发生了变化,出现了超过其土体自重的应力,此时土体就会压缩。因此,这里就要确定由于建造了建筑物而引起的应力在土中的分布规律。相关内容将在第3章"土中应力计算"中讲述。

3. 地基沉降或压缩

第3章"土中应力计算"讲述的土中应力分布,最终还是要为解决土体的沉降或压缩服务的。对于建筑物的沉降,我们关心的是两个问题:一是最终沉降(压缩量),计算该建筑物的最大沉降;二是计算建筑物在某一时间段发生的沉降,也就是分析沉降和时间的关系。第4章"土的压缩性和地基沉降计算"将详细讲述这些内容。

4. 土的抗剪强度

第5章"土的抗剪强度"在讲解土的抗剪强度指标获得方法的同时,重点论述了土的极限平衡理论。土的极限平衡理论是这一章的核心,也是整个土力学关于土的强度理论的核心。它架起了外荷载和土体强度指标联系的桥梁,从根本上解决了外因(荷载或作用效应)和内因(土体本身能发挥的抵抗能力)匹配的问题。

5. 土压力与土坡稳定

土压力与土坡稳定是土的强度理论在工程实际中的具体应用。基坑开挖的支撑问题、具有临空面土坡的稳定问题等,都是我们需要面对的。第 6 章"土压力及土坡稳定"将为我们讲述土压力及土坡稳定的初步知识。

6. 地基承载力

地基承载力将直接面对工程设计。我们在进行结构计算时,首先要解决的问题就是要确定基础底面积大小,因此需要事先确定地基承载力。正如前面所述,地基承载力包括极限承载力和承载力特征值,这些将在第 7 章"地基承载力"中讲述。

1.4.2 工程问题的解决

当同学们认真学完上述内容后,对以下问题就有了答案了。

1. 加拿大特朗斯康谷仓地基土的整体剪切破坏

从图 1-1 看出,谷仓基础下有厚达 16m 的可塑黏土层,该层是引起倾覆事故的直接原因。后来查明,在进行谷仓的设计前,谷仓下的地基土并未进行岩土工程勘察,未查明地层分布及获得土体的相应物理力学指标,而只是将依据邻近结构物基槽开挖试验获得的地基承载力 352kPa 应用到谷仓。1952 年对该场地进行的岩土工程勘察知,谷仓地基实际承载力仅为 200kPa 左右,远小于谷仓满载时的压力 337kPa。由于谷仓的荷载过大,谷仓地基因承受不了而发生强度破坏,造成地基土整体剪切破坏滑动。

这个教训告诫我们,在进行设计计算以前,一定要弄清拟建区地基土的物理力学性质指标,并应熟练掌握相关指标的应用。

2. 苏州虎丘塔地基土不均匀沉降发生倾斜

图 1-5 是苏州虎丘塔地基土的剖面图。从地基方面看,主要有两个原因导致倾斜:一是由于基岩顶面呈南高北低起伏状,塔基下面的填土层分布就呈南薄北厚。地基土分布不均匀引起了差异沉降,当沉降差过大时,就导致塔身倾斜;二是因地表水渗透到地基土内,由于

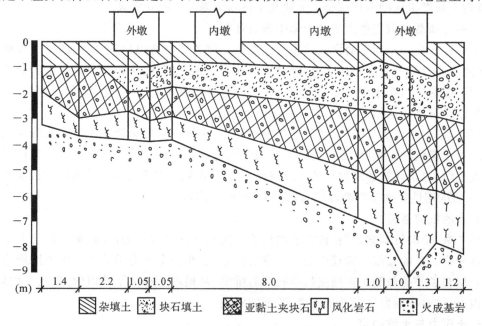

图 1-5 虎丘塔地基土南北向地质剖面图

南高北低基岩面的存在,形成地下水由南向北渗透。在渗透过程中,水流将大颗粒间的小颗粒土带走,加剧了塔基北侧土的压缩,使差异沉降进一步加大。

显然,虎丘塔的倾斜原因主要是未能科学合理地处理不均匀地基土。实际工程中,我们会接触到不均匀地基土,这时,就要运用土力学相关强度理论和变形理论,对建筑物进行地基强度计算和变形计算。如果沉降差过大,则应采取相应措施改良地基土,使其达到减小沉降差的要求。

3.上海展览中心地基土压缩问题

上海展览中心建筑物平面布置如图1-6所示。序馆为展览中心各馆中重要的组成部分,14层框架结构,高62.8m,顶部设镏金钢塔,钢塔高为45m,塔尖离地高度约110.4m。上部结构平面从下至上逐渐内收,局部楼梯间、电梯井设有150mm厚钢筋混凝土墙。

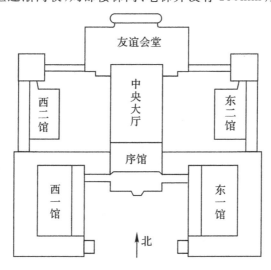

图 1-6 上海展览中心建筑平面布置图

序馆、中央大厅和友谊会堂均存在严重沉降,其中序馆的最大沉降高达1.9m,最大相对沉降为170mm,最大相对倾斜为3.7‰。沉降观测表明,上述结构的不均匀沉降仍未终止。东一馆和西一馆受序馆下沉影响,局部沉降较大,已引起结构倾斜。

从这个实例我们可以提出这样两个问题:

(1)为什么建筑物会发生如此大的沉降?

(2)为什么序馆下沉会带动其周围的东一馆和西一馆下沉?

前者属地基土压缩变形问题,而后者则是基础下地基土应力叠加而引起的问题。等我们学完土力学相关章节后,大家就能运用土力学的有关原理回答和解决这些问题了。

1.5 本书的学习要求

土力学的学习目的很明确,就是要能够解决工程实际中的土力学问题。以上几个典型土力学问题的解决,涉及强度、变形,也涉及具体工程的背景情况。因此在学习本书时,大家应该明确以下几点。

(1)理解理论公式的意义,掌握理论公式的适用条件、适用范围及对象,认真完成教学过程中布置的作业——这些作业将引导你如何初步运用理论公式解决实际问题;

（2）掌握土的常用物理性质和力学性质指标定义，熟悉这些参数的由来，尽可能在实验中多动手操作，增加工程概念；

（3）牢记从实践中获取知识，积累经验，并用学过的理论去解释实际工程现象。因为土力学问题中研究的土，离散性很大，我国各地区的地基基础规范比较多，这些都是针对当地地基基础情况而编制的，不能仅掌握一些知识，就浅尝辄止，以偏概全。

第2章 土的物理性质及工程分类

【学习要点】

1. 了解土的成因、结构和构造；
2. 熟悉土的三相组成；
3. 掌握土的物理性质指标的意义和公式；
4. 掌握黏性土的界限含水量和稠度状态指标；
5. 熟悉无黏性土的密实度指标；
6. 了解击实试验,掌握最优含水量、最大干密度的概念；
7. 掌握渗透系数、水力坡度、动水力概念,了解管涌和流砂的形成原理；
8. 了解土的工程分类。

2.1 概 述

土是地壳表面最主要的组成物质,是岩石圈表层在漫长的地质年代中经受各种复杂的地质作用而形成的松软物质。由于土的成因类型、物质组成和结构不同,因而具有不同的物理性质及力学性质。

土是由固体颗粒(固相)、水(液相)和气体(气相)所组成的三相体系。土的物理性质是指由三相组成部分的相对比例关系所表现的物理特性,它们包括土的比重、含水量、孔隙比、重度、密度、不均匀系数、液限、塑限、塑性指数、液性指数等。其中,级配曲线和不均匀系数是粗粒土分类的依据。工程中常用孔隙比计算由于上部荷载引起的地基沉降。塑性指数是细粒土分类的主要依据。

土的物理性质构成了建筑地基工程特性最基本的内容,是贯穿于土力学全书的最基本的指标和参数。

2.2 土的成因和特性

2.2.1 土的形成

地球表面的岩石在大气中经受长期的风化作用破碎后,形成形状不同、大小不一的颗粒。风化作用一般可分为物理风化作用、化学风化作用和生物风化作用三种类型。经风化作用破碎的颗粒在剥蚀作用和搬运作用下，在各种不同的自然环境下堆积下来，就形成了通常所说的土。在土木工程中，土是指覆盖在地表上碎散的、没有胶结或胶结很弱的颗粒堆积物。在很长的地质年代中，各种不同成因的土发生复杂的物理化学变化，逐渐压密、岩化，最终形成岩石。因此，在自然界中，岩石不断风化破碎形成土，而土又不断压密、岩化，变成岩石（如图 2-1 所示）。

原岩 ——物理风化作用——→ 残积物 ——搬运与沉积作用——→ 沉积物 ——固结成岩作用——→ 岩石

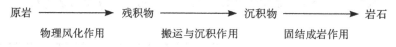

图 2-1 从岩石演变到土的过程

工程上遇到的大多数土是形成于新第三纪或第四纪地质历史时期的。其中，第四纪地质年代的土又可划分为更新世和全新世两类，如表 2-1 所列。另外，把在人类文化期以来所沉积的土称为新近代沉积土。

表 2-1 土的形成年代

纪（或系）	世（或统）		年代（距今）
第四纪（Q）	全新世（Q4）	Q43（晚期）	<0.25 万年
		Q42（中期）	0.25～0.75 万年
		Q41（早期）	0.75～1.2 万年
	更新世（Q_p）	晚更新世（Q3）	1.2～12.8 万年
		中更新世（Q2）	12.8～73 万年
		早更新世（Q1）	73～248 万年

2.2.2 土的结构和构造

1. 土的结构

土的结构是指组成土的土粒大小、形状、表面特征、土粒间的连结关系和土粒的排列情况。

（1）单粒结构

粗粒土的颗粒粗大，土粒间缺乏结合水等的连结，属单粒结构。这种结构按其密实程度又分为“松散结构”和“紧密结构”。松散型单粒结构是在水流动的环境条件下沉积形成的，如河流砾石；密实单粒结构则是这些沉积物在一个平静的水域环境中沉积形成的（如图 2-2(a)及图 2-2(b)所示）。单粒结构的土体可作为天然地基土。

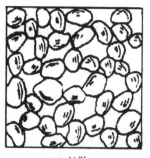

(a) 松散　　(b) 密实

图 2-2 土的单粒结构

（2）蜂窝状结构

由于砂土或粉土，其颗粒排列很像蜜蜂筑的巢，故命名为蜂窝状结构（如图 2-3 所示）。蜂窝状结构的土具有疏散、低强度和高压缩的特性。

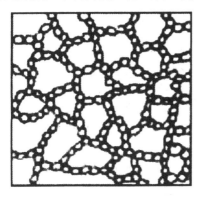

图 2-3　细砂和粉土的蜂窝状结构

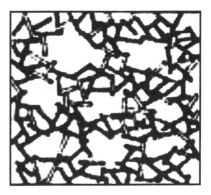

图 2-4　黏性土的絮状结构

（3）絮状结构

由于黏性土的黏粒非常细小，具有胶体特性，在水中一般不能以单个颗粒下沉，而是凝聚成较复杂的集合体进行沉积，因而黏性土有其特殊的结构，即絮状结构，黏粒随机排列成束状或片状，构成黏粒排列的高度定向性，如图 2-4 所示。这一结构是通过现代的显微技术证明的。对于这类结构的土，由于土体中有许多的孔隙，在地基基础设计时尤其要注意其高压缩性。

2. 土的构造

一般情况下，土具有成层的特征，不同土层的性质各不相同。性质各异、厚薄不等的若干土层就组成了土体。

在一定的土体中，结构相对均一的土层单元体的形态和组合特征，称为土的构造，它包括土层单元体的大小、形状、排列和相互关系等方面。单元体的形状一般为层状、条带状和透镜状，其中层面形状分平直的和波状起伏的。

土的构造是土在形成及变化过程中与各种因素发生复杂的相互作用而形成的。每一种成因类型的土，都有其特有的构造。例如，冲积土体呈现"二元构造"，且有交错层、冲刷面等；洪积土由山口至平原其颗粒由粗逐渐变细、层厚逐渐变小，且有透镜体出现；湖积土呈薄层状构造等。

由于土层沉积延续时间的长短不同，使土体中土层单元体的厚度不一。土体由厚度较大且岩性不同的土层单元体交替叠置，称为互层状构造；以厚度较大的与很小的单层组成时，称为夹层构造；当土体全由厚度很小的土层单元体构成时，则称之为纹纹层状构造。

沉积土都具有成层性，呈粗粒层或细粒层分布。细粒层常夹在粗粒层内，但也有粗粒层夹在细粒层中的情况。细粒层状土会引起一系列的工程地质问题，如：①软弱土层的长期沉降，②在水平方向上，层状土体厚度变化引起的不均匀沉降，③基础开挖引起沿软弱层层面的滑坡等，因此需要强调，为了更好地设计地基基础，应认真对待软弱土层。

2.2.3　土的成因与工程特性

第四纪土按照其搬运和堆积方式的不同，可分为残积土和运积土两大类。残积土是指母岩经风化作用破碎成为岩屑或细小颗粒后，未经搬运直接残留在原地的堆积物，如图 2-5

所示。残积土具有颗粒表面粗糙、多棱角、无层理等特征。残积土厚度及其特征随岩石性质的不同而不同。在残积土上建造建筑物,若土层厚度较小,则可以把这部分土挖掉,将建筑物直接建在下伏基岩上。

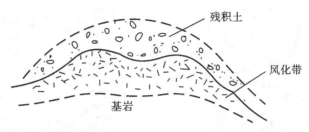

图 2-5 残积土

运积土是指风化所形成的颗粒经自然动力的作用,搬运到远近不同的地点而沉积下来的堆积物。其特点是颗粒经过一定距离的滚动和相互摩擦,具有一定的浑圆度,在沉积过程中因受水流等自然营力的分选作用而形成颗粒大小不同的层次——粗颗粒下沉快,细颗粒下沉慢而形成层理现象。根据搬运的动力不同,运积土又可分为坡积土、洪积土和冲积土。

坡积土是指母岩经风化作用破碎成为岩屑或细小颗粒后,经翻滚或坠落在斜坡上的土。坡积土的特征是大小不均,但绝大部分属于粗颗粒,形状不规则,有棱角,还有一些垂直裂缝,看起来很疏松。坡积土的厚度和粒度分布取决于它们所处斜坡的位置及斜坡的角度,距坡脚越远,粒径越粗且厚度越小。如果在坡积土上建造建筑物,很可能会发生滑坡现象。建造后的不均匀沉降,也是这类地基土常出现的严重问题。

洪积土由洪水携带而成,是水流作用的异地沉积土,出现在间歇性河流出口地带,一般出现在山前地带,形如扇形状。由于洪水在时间上具有间歇性,致使洪积土在垂直方向和水平方向上粒度分布变化较大。作为一个岩土工程技术人员,应该重视洪积土的成层性,特别要重视土中的透镜体。透镜体会引起建筑物地基基础的不均匀沉降。在土体测试中,对于这一类土,现场工作显然要比实验室内的工作更为重要。

冲积土是指在长年水流的搬运、沉积作用下形成的土体,通常具有粗—细粒土交互层结构。水流量大时携带粗颗粒沉积;流量小时,只携带一些细粒物沉积。冲积土一般沉积在大小河流出口地段,也能沉积在河流两岸阶地上(如图 2-6 所示)。在这类土上建造建筑物,须查明建筑场地的软弱层,这些软弱层会引起建筑物地基基础的过大沉降及长期沉降。

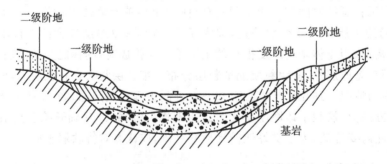

图 2-6 冲积土

在自然界中,土的物理风化和化学风化时刻都在进行,而且相互加强。由于形成过程的自然条件不同,自然界的土也就多种多样。同一场地不同深度处,土的性质也不一样,甚至同一位置的土,其性质还往往随方向而异。沉积土通常在竖直方向上的透水性小,在水平方向上的透水性大。可见,土是自然界漫长的地质年代内所形成的性质复杂、不均匀、各向异性且随时间而在不断变化的材料。

由此可知,仅仅根据土的成因类型远远不足以说明土的工程特性。要进一步描述和确定土的性质,就必须具体分析和研究土的三相组成、土的物理状态和土的工程分类。

2.3　土的三相组成

土是一种复杂的多相体系,通常由固态相的固体颗粒、液态相的水、气态相的空气三部分组成,称为土的三相组成。饱和土和干燥土均为二相体系,但在自然界中,其孔隙中都同时被水和空气充填,使土体呈三相体系。土体中的孔隙水和空气所占的比例,决定了土的干湿程度和物理状态等。

土的三个基本组成部分相互联系、相互作用,共同形成了土的工程特性。但从本质上说,土的工程特性首先取决于土粒大小和矿物类型,即土的粒度成分及矿物成分。

2.3.1　土中的固体颗粒

岩石经风化作用后形成的大小不同的固体颗粒,简称土粒,它的大小、形状、矿物成分及级配是决定土的物理力学性质的重要因素。粗粒土往往是岩石经物理风化作用形成的碎屑,或是岩石中未产生化学变化的矿物颗粒如石英和长石等;而细粒土主要是化学风化作用形成的次生矿物和在其生成过程中混入的有机物质。粗粒土的形状都呈块状或粒状,而细粒土的形状主要呈片状。土粒的级配情况就是指大小土粒含量的相对数量关系。

1. 土粒的矿物成分

土中的固体颗粒不仅有大小之别,而且是由成分不同、性质各异的矿物组成。这些矿物按其成因和成分可分为原生矿物、非溶性次生矿物、可溶性次生矿物和有机质。

(1)原生矿物

原生矿物是指母岩风化后残留的化学成分没有变化的矿物,如石英、长石、云母等。原生矿物的化学性质稳定,具较强的抗水性与抗风化能力,亲水性弱,主要为砂类土和砾石类土。

(2)非溶性次生矿物

母岩在风化过程中新产生的矿物,如黏土矿物、次生二氧化硅等,称为次生矿物。次生矿物可分为可溶性次生矿物及非溶性次生矿物。

在非溶性次生矿物中,以黏土矿物最多。黏土矿物具有分散、颗粒非常细小的特点,它是构成各种黏性土的主要矿物成分。黏土矿物的种类很多,但基本上是由两种原子层(称为晶片)构成的。一种是硅氧晶片,它的基本单元是硅氧四面体;另一种是铝氢氧晶片,它的基本单元是铝氧八面体(如图 2-7 所示)。由于晶片结合情况的不同,便形成了具有不同性质的各种黏土矿物,其中主要有蒙脱石、伊利石和高岭石三类。

蒙脱石是化学风化的初期产物,基本化学式是$(OH)_4Si_8Al_4O_{20} \cdot nH_2O$,其结构单元(晶胞)由两层硅氧晶片之间夹一层铝氢氧晶片组成。由于晶胞的两个面都是氧原子,其间没有氢键,因此联结很弱(如图 2-8(a)所示),水分子可以进入晶胞之间,从而改变晶胞之间的距离,甚至达到完全分散到单晶胞为止。因此,当土中蒙脱石含量较大时,就会具有较大的吸水膨胀和脱水收缩的特性。

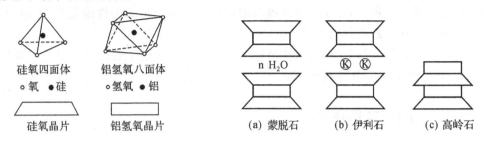

图 2-7　黏土矿物的晶片示意图　　　　　　图 2-8　黏土矿物构造单元示意

伊利石是不稳定的风化中间产物,基本化学式是 $KAl_2[(Si,Al)_4O_{10}][OH]_2 \cdot nH_2O$,其结构单元类似于蒙脱石,所不同的是硅氧四面体中的 Si^{4+} 可以被 Al^{3+}、Fe^{3+} 所取代,因而在相邻晶胞间一般由一价正离子(K^+)补偿晶胞内正电荷的不足(如图 2-8(b)所示),故晶架活动性降低,所以伊利石的亲水性不如蒙脱石。

高岭石的基本化学式是 $Al_4[Si_4O_{10}][OH]_8$,其结构单元是由一层铝氢氧晶片和一层硅氧晶片组成的晶胞。高岭石的矿物就是由若干重叠的晶胞构成的(如图 2-8(c)所示)。晶胞之间的联结,是氧原子与氢氧基之间的氢键,具有较强的联结力,因此晶胞之间的距离不易改变,水分子不能进入。因此,高岭石的亲水性比伊利石还弱。

黏土矿物是很细小的扁平颗粒,颗粒表面具有很强的与水相互作用的能力,表面积愈大,这种能力就愈强。黏土矿物表面积的相对大小可以用单位体积(或质量)的颗粒总表面积(称为比表面)来表示。例如,一个棱边为 1cm 的立方体颗粒,其体积为 $1cm^3$,总表面积只有 $6cm^2$,则比表面为 $6cm^2/cm^3 = 6cm^{-1}$;若将 $1cm^3$ 立方体颗粒分割为棱边为 0.001mm 的许多立方体颗粒,则其总表面积可达 $6 \times 10^4 cm^2$,比表面可达 $6 \times 10^4 cm^{-1}$。由于土粒大小不同而造成比表面数值上的巨大变化,必然导致土的性质的突变,所以,土粒大小对土的性质所起的重要作用是可以想见的。

(3)可溶性次生矿物

可溶性次生矿物遇水易溶解,这就大大降低了含有这种矿物的岩土的力学强度。在工程建筑设计规范中对土中的含盐量有明确规定,如铁路路堤填料土要求含盐量低于 5%,尤其是硫酸盐的含量不能高于 2% 等。

(4)有机质

土中由于动植物有机体的繁殖、死亡和分解而含有有机质。工程上将含有有机质的"有机土"或"淤泥类土"列为特殊土类进行专门对待,如有关规范中规定作坝体的土料有机质含量应低于 5%,土坝防渗墙土料应低于 2% 等。

2. 土的颗粒级配

自然界中组成土体骨架的土粒大小悬殊,性质各异,土的性质随着粒径的变细可由无黏性变化到有黏性。若将土中各种不同粒径的土粒按适当的粒径范围(该粒径范围内土的物理性质相近)分为若干粒组,则各个粒组随着分界尺寸的不同而呈现出一定质的变化。划分粒组的分界尺寸称为界限粒径。

目前土的粒组划分方法并不完全一致,《土的分类标准》(GBJ 145—90)是一种目前常用的土粒粒组的划分方法(见表 2-2)。表中根据界限粒径 200、60、2、0.075 和 0.005mm 把土粒分为六大粒组:漂石(块石)颗粒、卵石(碎石)颗粒、圆砾(角砾)颗粒、砂粒、粉粒及黏粒。

表 2-2　土粒粒组的划分

粒组名称		粒径范围(mm)	一 般 特 征
漂石或块石颗粒		＞200	透水性很大,无黏性,无毛细水
卵石或碎石颗粒		200~60	
圆砾或角砾颗粒	粗	60~20	透水性大,无黏性,毛细水上升高度不超过粒径大小
	中	20~5	
	细	5~2	
砂粒	粗	2~0.5	易透水,当混入云母等杂质时透水性减小,而压缩性增加,无黏性,遇水不膨胀,干燥时松散,毛细水上升高度不大,随粒径变小而增大
	中	0.5~0.25	
	细	0.25~0.1	
	极细	0.1~0.075	
粉粒	粗	0.075~0.01	透水性小;湿时稍有黏性,遇水膨胀小,干时稍有收缩,毛细水上升高度较大较快,极易出现冻胀现象
	细	0.01~0.005	
黏粒		≤0.005	透水性很小,湿时具黏性、可塑性,遇水膨胀大,干时收缩显著,毛细水上升高度大,但速度较慢

注:引自《土的分类标准》(GBJ145—90)

　　土粒的大小及其组成情况,通常以土中各个粒组的相对含量(各粒组占土粒总量的百分数)来表示,称为土的颗粒级配。

　　土的颗粒级配是通过土的颗粒大小分析试验测定的。对于粒径大于 0.075mm 的粗粒组可用筛分法测定。粒径小于 0.075mm 的粉粒和黏粒难以筛分,一般可以根据土粒在水中匀速下沉时的速度与粒径的理论关系,用比重计法或移液管法测得颗粒级配。实际上,土粒并不是球体颗粒,因此用理论公式求得的粒径并不是实际的土粒尺寸,而是与实际土粒在液体中有相同沉降速度的理想球体的直径(称为水力当量直径)。

　　根据颗粒大小分析试验成果,可以绘制如图 2-9 所示的颗粒级配累积曲线。其横坐标

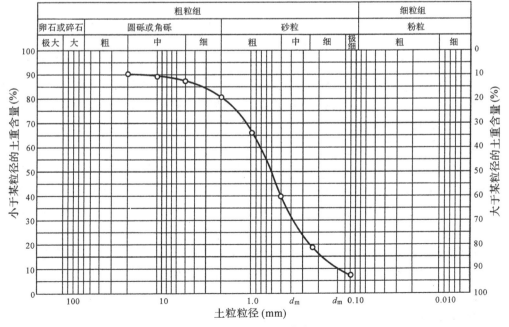

图 2-9　颗粒级配曲线

表示粒径,采用对数坐标表示,纵坐标则表示小于(或大于)某粒径的土重含量(或称累计百分含量)。由曲线的坡度可以大致判断土的均匀程度。如曲线较陡则表示粒径大小相差不多,土粒较均匀,级配差;反之,曲线平缓,则表示粒径大小相差悬殊,土粒不均匀即级配良好。

小于某粒径的土粒质量累计百分数为10％时,相应的粒径称为有效粒径 d_{10}。小于某粒径的土粒质量累计百分数为30％时的粒径用 d_{30} 表示。当小于某粒径的土粒质量累计百分数为60％时,该粒径称为限定粒径 d_{60}。

利用颗粒级配累积曲线可以确定土粒的级配指标,d_{60} 与 d_{10} 的比值 C_u 称为不均匀系数:

$$C_u = d_{60}/d_{10} \tag{2.3.1}$$

曲率系数 C_c 用下式表示:

$$C_c = \frac{d_{30}^2}{d_{10} \cdot d_{60}} \tag{2.3.2}$$

不均匀系数 C_u 反映大小不同粒组的分布情况。C_u 越大表示土粒大小的分布范围越大,其级配越好,作为填方工程的土料时,则比较容易获得较大的密实度。曲率系数 C_c 描述的是累积曲线的分布范围,反映曲线的整体形状。

在一般情况下,工程上把 $C_u < 5$ 的土看作是均粒土,属级配不良;$C_u > 10$ 的土,属级配良好。实际上,单独只用一个指标 C_u 来确定土的级配情况是不够的,同时要考虑累积曲线的整体形状,所以需参考曲率系数 C_c 值。

颗粒级配在一定程度上反映土的某些性质。对于级配良好的土,较粗颗粒间的孔隙被较细的颗粒所填充,因而土的密实度较好,相应的地基土的强度和稳定性也较好,透水性和压缩性也较小,可用作堤坝或其他土建工程的填方土料。

2.3.2 土中的水

在自然条件下,土中的水可以处于液态、固态或气态。土中细粒愈多,即土的分散度愈大,水对土的性质的影响也愈大。因此,研究土中的水十分重要。

存在于土粒矿物的晶体格架内部或参与矿物构造中的水称为矿物内部结合水,它只有在比较高的温度(80～680℃,随土粒的矿物成分不同而异)下才能化为气态水而与土粒分离。从土的工程性质上分析,可以把矿物内部结合水当作矿物颗粒的一部分。存在于土中的水可分为结合水和非结合水两大类。

1. 结合水(吸附水)

土孔隙中的水与土粒表面的接触部分,一方面由于受到土粒表面的静电引力作用,使水分子极化并被吸附在土粒周围形成一层水膜;另一方面,溶液中的离子同时还受到分子热运动的影响,力图使吸附离子远离土粒表面,以能均匀地分布在溶液中。这种水膜通常称为土粒表面结合水或物理结合水,简称结合水。

土粒(矿物颗粒)表面一般带有负电荷,围绕土粒形成电场,在土粒电场范围内的水分子和水溶液中的阳离子(如 Na^+、Ca^{2+}、Al^{3+} 等)一起被吸附在土粒表面。因为水分子是极性分子,它被土粒表面电荷或水溶液中离子电荷的吸引而定向排列(如图 2-10 所示),这样就形成了双电层。所谓双电层是指矿物表面的负电荷与吸附层中的阳离子所构成的整体。

水溶液中的阳离子的原子价愈高,它与土粒之间的静电引力愈强,则扩散层厚度愈薄。

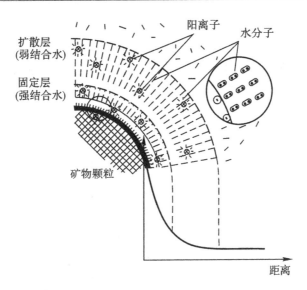

图 2-10　结合水示意图

在实践中可以利用这种原理来改良土质,例如用三价及二价离子(如 Fe^{3+}、Al^{3+}、Ca^{2+}、Mg^{2+})处理黏土使得它的扩散层变薄,从而增加土的密实性,减少膨胀性,提高土的强度;有时,可用含一价离子的盐溶液处理黏土,使扩散层增厚,而大大降低土的透水性。

从上述双电层的概念可知,反离子层中的结合水分子和交换离子,愈靠近土粒表面,则排列得愈紧密和整齐,活动性也愈小。因而,结合水又可以分为强结合水和弱结合水两种。强结合水是相当于反离子层的内层(固定层)中的水,而弱结合水则相当于扩散层中的水。

(1)强结合水

结合水由于紧靠土粒表面,静电引力很大,被牢固地吸附在土粒表面,活动性很小,水分子因受挤压排列得非常紧密而整齐,其性质接近固体,密度约为 $1.2 \sim 2.4 g/cm^3$,冰点为 $-78℃$。因此它的特征是:没有溶解盐类的能力,不能传递静水压力,只有吸热变成蒸汽时才能移动,具有极大的黏滞度、弹性和抗剪强度。如果将干燥的土放在天然湿度的空气中,则土的质量将增加,直到土中吸着的强结合水达到最大吸着度为止。土粒愈细,土的比表面愈大,则最大吸着度就愈大。砂土的最大吸着度约占土粒质量的 1%,而黏土则可达 17%。黏土在只含有强结合水时,呈固体状态,磨碎后则呈粉末状态。

(2)弱结合水

弱结合水是紧靠于强结合水外围形成的一层水膜,占结合水膜的主要部分,但它仍然不能传递静水压力。较厚的弱结合水水膜可以向邻近较薄的水膜缓慢转移。当土中含有较多的弱结合水时,土具有一定的可塑性。砂土比表面积较小,几乎不具可塑性,而黏性土的比表面积较大,其可塑性范围较大。

2. 非结合水

(1)重力水

重力水存在于较粗颗粒的孔隙内,具有自由活动能力,在重力影响下产生流动。重力水使地下水位以下的饱和土受到浮力作用,使整个土体重量减小。重力水对地基土的应力和基础工程等都有重要的影响。无论在粗粒土中还是在细粒土中,都可以存在重力水,并遵循达西定理。这将在后面详细讨论。

（2）毛细水

毛细水在重力水位线之上，是水与空气界面的张力即毛细力的作用结果。毛细力的大小取决于颗粒表面的张力和孔隙的直径。毛细高度 H_c 是毛细水在毛细管内（土粒间孔隙内）上升的高度。理论上，毛细上升高度与表面张力 T 成正比，而与毛细管道直径或孔隙直径 d 成反比（如图 2-11 所示）。

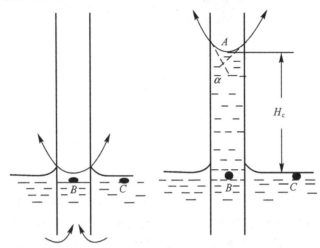

图 2-11　毛细水示意图

$$H_c = \frac{2T\cos\alpha}{d\gamma_w}$$

式中：α——表面张力 T 的作用方向与毛细管壁的夹角。

根据太沙基和派克 1967 年的研究结果，H_c 亦可表示为

$$H_c = \frac{c}{ed_{10}}$$

式中：H_c——毛细上升高度，mm；

　　　e——孔隙比；

　　　d_{10}——有效粒径，mm；

　　　c——常数，通常取 $10\sim20\ mm^2$。

毛细上升高度还取决于粒度分布。通常，粒径越小，毛细上升越高。当然黏粒是例外的，因为黏粒周围充满了结合水。岩土工程师应认识到重力水和毛细水的区别：充满重力水的饱水带具有各向相同的静水压力，而毛细水产生的孔隙水压力是负值。

（3）层间水

层间水指的是矿物颗粒内所含的水。例如，蒙脱石矿物具有层间结构，其层内的水可能是矿物形成初期产生的，也可能是后来充填的。蒙脱石显现出很明显的膨胀与收缩性，这主要是由其层内的含水情况决定的。如果蒙脱石土作为地基土，会遇水膨胀，失水收缩，容易导致建筑物开裂，这在工程建设中须十分注意。

2.3.3　土中的气体

土中的气体主要为空气和水汽，有时也可能含有二氧化碳、沼气及硫化氢等。土中的气体有两种存在形式：流通型气体和密闭型气体。流通型气体在土粒间是相互贯通的，与大气

直接连通;密闭型气体则滞留在土体内某一部分中。前者通常存在于粗粒土体内,对土体的工程特性影响不大;后者由于释放非常困难,使土体具有高压缩性和低渗透性。

　　土中存在的气体对地基基础设计有很大影响,如饱和黏性土的封闭气体在压力长期作用下被压缩后,具有很大的内压力,有时可能冲破土层,在个别地方逸出,造成意外沉陷等。

2.4　土的物理性质指标

　　自然界的土体由三相介质组成,若三种介质所占的比例不同,则土的工程性质就相差很大。即使对同一种土而言,在固相和气相的比例相对稳定时,由于孔隙中所含的液相(水)比例可能会随外界环境的变化而不同,故也会直接影响土的工程性质。根据固相颗粒大小,自然界的土分为两大类:黏性土和无黏性土。土的物理性质指标就是用于表征这两大类土三相介质之间的比例关系,并以此评价土的基本工程性质。

　　土的物理性质指标可以分为两大类:一类是试验室指标,另一类是通过试验室指标换算获得的间接指标,它们与试验室指标同样重要。试验室指标又称为基本指标。

　　三相指标是一种比例指标,与土体的实际三相介质在土体中的分布形式没有关系,而仅与三相介质所占比例有关。为了阐述和标记方便,常把自然界中土的三相混合分布的实际情形分别集中起来,固相集中于下部,液相集中于中部,气相集中于上部,并按适当的比例画一个三相比例关系图,如图 2-12 所示。

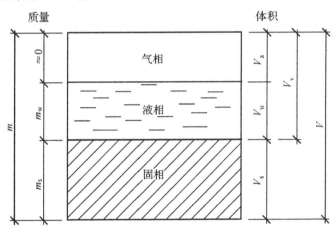

图 2-12　归类后的土的三相组成

图中指标含义如下:

　　m——土体质量;

　　m_s——固体颗粒质量;

　　m_w——水的质量;

　　V——土的体积;

　　V_s——固体颗粒体积;

　　V_v——孔隙体积;

　　V_w——水的体积;

　　V_a——气体体积。

2.4.1　土的三种基本物理指标

1. 土粒比重（土粒相对密度）G_s

土粒质量与同体积 4℃时纯水的质量之比，称为土粒比重，即

$$G_s = \frac{m_s}{V_s \rho_w} \tag{2.4.1}$$

式中：ρ_w 为纯水在 4℃时的密度，等于 $1g/cm^3$ 或 $1t/m^3$。

由式（2.4.1）知，土粒比重数值大小取决于土的颗粒质量，与矿物成分有关，但数值变化不大。一般情况下，砂土约为 2.65～2.69，粉土约为 2.70～2.71，黏性土约为 2.72～2.75。

土粒比重可在试验室内用比重瓶法测定：通常用容积为 100mL 玻璃制的比重瓶，将烘干试样 15g 装入比重瓶，用 1/1000 精度的天平称瓶加干土质量，注入半瓶纯水后煮沸 1 小时左右以排除土中气体，冷却后将纯水注满比重瓶，再称总质量和测瓶内水温，即可计算而得土粒比重。

2. 土的含水量 w

在天然状态下，土中水的质量与土中固体颗粒质量之比的百分率，称为土的含水量，即

$$w = \frac{m_w}{m_s} \times 100\% \tag{2.4.2}$$

土的含水量一般用烘干法测定：称取适量质量的原状土样，置于温度为 100～105℃的烘箱内，烘走水分，冷却后称干土质量，原状土与烘干后土的质量差即为水的质量，水的质量与干土质量之比就是土的含水量。

土的含水量变化幅度很大，它与土的种类、埋藏条件等有关。对于处于水位以上的无黏性土，含水量可为零，而对于软黏土，含水量则超过 50%。

3. 土的密度 ρ

土单位体积的质量称为土的密度，即

$$\rho = \frac{m}{V} \quad (g/cm^3) \tag{2.4.3}$$

土单位体积的重力称为重度：

$$\gamma = \rho g \quad (kN/m^3) \tag{2.4.4}$$

式中：g 为重力加速度，取 $9.8m/s^2$。

天然状态下土的重度变化范围较大，黏性土约为 18～20kN/m^3，砂类土约为 16～20kN/m^3，腐殖质土约为 15～17kN/m^3。

土的密度（重度）可用"环刀法"测定：取原状土，表面大致修平，环刀刀口向下，将环刀慢慢压入，并同步削去环刀外围处的土，边压边削，直到环刀充满土样，再将环刀上下口的土修平，称得环刀内土样质量（重力），质量（重力）与环刀容积的比值即为土的密度（重度）。

2.4.2　反映土孔隙大小的指标

1. 孔隙比 e

土中孔隙体积与固体颗粒体积之比称为土的孔隙比：

$$e = \frac{V_v}{V_s} \tag{2.4.5}$$

2. 土的孔隙率 n

土中孔隙体积与土体积之比,称为土的孔隙率,表示孔隙体积占土体总体积的百分率:

$$n = \frac{V_v}{V} \times 100\% \qquad (2.4.6)$$

对于黏性土,孔隙比越大,其压缩性越高。对于无黏性土,孔隙比越大,则越疏松。工程上常用孔隙比的大小评价无黏性土的密实情况。

2.4.3　反映土含水多寡的指标——饱和度 S_r

土中水的体积与孔隙体积之比,称为土的饱和度:

$$S_r = \frac{V_w}{V_v} \qquad (2.4.7)$$

饱和度多用于对无黏性土含水多少的评价。一般情况下,当 S_r 小于 0.5 时,无黏性土呈稍湿状态;当 S_r 大于 0.5 小于 0.8 时,呈很湿状态;当 S_r 大于 0.8 时,呈饱和状态。

2.4.4　反映不同含水情况的密度(重度)

1. 干密度 ρ_d

土的固体颗粒质量与土的体积之比,称为土的干密度:

$$\rho_d = \frac{m_s}{V} \quad (\text{g/cm}^3) \qquad (2.4.8)$$

此时孔隙中没有自由的水。土的干密度通常用作填方工程填料压实质量控制指标。土的干密度越大,土体压得越密实,压实土的工程性能越好。常见土体的干密度为 1.3~2.0g/cm³。

土的固体颗粒重力与土的体积之比,称为土的干重度:

$$\gamma_d = \frac{m_s g}{V} = \rho_d g \quad (\text{kN/m}^3) \qquad (2.4.9)$$

土体常见的干重度为 13~20kN/m³。干密度或干重度亦可采用环刀法测定。

2. 饱和密度 ρ_{sat}

土中孔隙全部充满水时,单位体积的质量,称为饱和密度:

$$\rho_{sat} = \frac{m_s + m_w}{V} = \frac{m_s + V_v \rho_w}{V} \quad (\text{g/cm}^3) \qquad (2.4.10)$$

土的饱和重度 γ_{sat}:

$$\gamma_{sat} = \rho_{sat} g \quad (\text{kN/m}^3) \qquad (2.4.11)$$

一般情况下,当土体处于水位以下时的密度(重度),可视为饱和密度(重度)。

3. 有效密度(浮密度)ρ'

当土体处于水位以下时,固体颗粒受到水的向上浮力作用,导致水下密度减小。其减小量等于排除同体积的水的质量,此时的密度称为有效密度:

$$\rho' = \rho_{sat} - \rho_w \quad (\text{g/cm}^3) \qquad (2.4.12)$$

常见的有效密度为 0.8~1.3g/cm³。

土的有效重度(浮重度)γ':

$$\gamma' = \rho' g \quad (\text{kN/m}^3) \qquad (2.4.13)$$

土体常见的有效重度为 8~13kN/m³。

以上讲述了表征土体物理特性的 9 个指标,其中前 3 个基本指标是从试验室获得的,又称试验室指标,其余 6 个指标可通过三相图之间的比例关系经换算获得。

这 9 个指标是研究土力学问题的最基本指标,只要提及土体,必然联系到这 9 个指标中的大部分。这些指标可以用来评价无黏性土的密实情况,还能评价黏性土的软硬状态,以及帮助黏性土定名等。

例题 2.1 某原状土样,试验测得基本指标:天然密度 $\rho = 1.67 \text{g/cm}^3$,含水量 $w = 12.9\%$,相对密度 $G_s = 2.67$。试求孔隙比 e、孔隙率 n、饱和度 S_r、饱和密度 ρ_{sat}、干密度 ρ_d、浮密度 ρ'(要求用三相草图推导)。

解

(1)令 $V = 1 \text{ cm}^3$

(2)由 $\rho = \dfrac{m}{V} = 1.67 \text{ g/cm}^3$

得 $m = 1.67 \text{ g}$

(3)由 $w = \dfrac{m_w}{m_s} \times 100\% = 12.9\%$

得 $m_w = 0.129 m_s$

$m = m_s + m_w = 1.67 \text{ g}$

则 $1.129 m_s = 1.67 \text{ g}$

$m_s = 1.479 \text{ g}$

$m_w = 1.67 - 1.479 = 0.191 \text{ (g)}$

则 $V_w = 0.191 \text{ cm}^3$

(4)由 $G_s = \dfrac{m_s}{V_s \rho_w} = 2.67$

$V_s = \dfrac{m_s}{2.67} = \dfrac{1.479}{2.67} = 0.554 \text{ (cm}^3)$

则孔隙体积 $V_v = V - V_s = 1 - 0.554 = 0.446 \text{ (cm}^3)$

气体体积 $V_a = V_v - V_w = 0.446 - 0.191 = 0.255 \text{ (cm}^3)$

将上述计算结果填于三相图中,如图 2-13 所示。

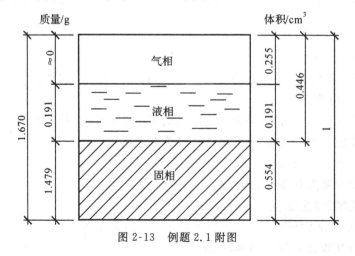

图 2-13 例题 2.1 附图

根据土物理性质指标的基本定义求解如下：

$$e = \frac{V_v}{V_s} = \frac{0.446}{0.554} = 0.805$$

$$n = \frac{V_v}{V} = 0.446$$

$$S_r = \frac{V_w}{V_v} = \frac{0.191}{0.446} = 0.428$$

$$\rho_{sat} = \frac{m_s + V_v \rho_w}{V} = \frac{1.479 + 0.446}{1} = 1.925 \ (g/cm^3)$$

$$\rho_d = \frac{m_s}{V} = \frac{1.479}{1} = 1.479 \ (g/cm^3)$$

$$\rho' = \rho_{sat} - \rho_w = 1.925 - 1 = 0.925 \ (g/cm^3)$$

例题 2.2　薄壁取样器采取的土样，测出其体积 V 与重量分别为 $38.4 cm^3$ 和 $67.21 g$，把土样放入烘箱烘干，并在烘箱内冷却到室温后，测得重量为 $49.35 g$。试求土样的天然密度 ρ，干密度 ρ_d，含水量 w，孔隙比 e，孔隙率 n，饱和度 S_r。（$G_s = 2.69$）

解

① $\quad \rho = \dfrac{m}{V} = \dfrac{m_s + m_w}{V_s + V_v} = \dfrac{67.21}{38.40} = 1.750 \ (g/cm^3)$

② $\quad \rho_d = \dfrac{m_s}{V} = \dfrac{m - m_v}{V} = \dfrac{49.35}{38.40} = 1.285 \ (g/cm^3)$

③ $\quad w = \dfrac{m_w}{m_s} \times 100\% = \dfrac{m - m_s}{m_s} = \dfrac{67.21 - 49.35}{49.35} \times 100\% = 36.19\%$

④ $\quad e = \dfrac{G_s \rho_w}{\rho_d} - 1 = \dfrac{2.69 \times 1}{1.285} - 1 = 1.093$

⑤ $\quad n = \dfrac{e}{1+e} = \dfrac{1.093}{1+1.093} \times 100\% = 52.22\%$

⑥ $\quad S_r = \dfrac{w \cdot G_s}{e} = \dfrac{36.19 \times 2.69}{1.093} = 89.07\%$

工程应用时，三相指标间的换算关系可参考表 2-3。

表 2-3　土的物理性质指标

名称	符号	表达式	单位	常见值	换算公式
密度 重度	ρ γ	$\rho = \dfrac{m}{V}$，$\gamma \approx 10\rho$	g/cm^3 kN/m^3	$1.6 \sim 2.2$ $16 \sim 22$	$\rho = \rho_d(1+w)$ $\gamma = \gamma_d(1+w)$
比重	G_s	$G_s = \dfrac{m_s}{V_s}$		砂土 $2.65 \sim 2.69$ 粉土 $2.70 \sim 2.71$ 黏性土 $2.72 \sim 2.75$	
含水量	w	$w = \dfrac{m_w}{m_s} \times 100$	%	砂土 $0\% \sim 40\%$ 黏性土 $20\% \sim 60\%$	$w = \left(\dfrac{\gamma}{\gamma_d} - 1\right) \times 100\%$
孔隙比	e	$e = \dfrac{V_v}{V_s}$		砂土 $0.5 \sim 1.0$ 黏性土 $0.5 \sim 1.2$	$e = \dfrac{n}{1-n}$
孔隙度	n	$n = \dfrac{V_v}{V} \times 100$	%	$30\% \sim 50\%$	$n = \left(\dfrac{e}{1+e}\right) \times 100\%$
饱和度	S_r	$S_r = \dfrac{V_w}{V_v}$		$0 \sim 1$	

续表

名称	符号	表达式	单位	常见值	换算公式
干密度 干重度	ρ_d γ_d	$\rho_d = \dfrac{m_s}{V}$, $\gamma_d = 10\rho_d$	g/cm³ kN/m³	1.3~2.0 13~20	$\rho_d = \dfrac{\rho}{1+w}$, $\gamma_d = \dfrac{\gamma}{1+w}$
饱和密度 饱和重度	ρ_{sat} γ_{sat}	$\rho_{sat} = \dfrac{n_w + m_s + V_s\rho_w}{V}$ $\rho_{sat} = 10\rho_{sat}$	g/cm³ kN/m³	1.8~2.3 18~23	
有效密度 有效重度	ρ' γ'	$\rho' = \rho_{sat} - \rho_w$ $\gamma' = \gamma_{sat} - \gamma_w$	g/cm³ kN/m³	0.8~1.3 8~13	

2.5　黏性土的物理状态指标

2.5.1　界限含水量

黏性土的物理状态主要是指土的软硬程度,又叫稠度状态,它总是与水联系在一起。组成黏性土的固体颗粒很细,黏粒粒径 $d < 0.005\text{mm}$,由于电场的存在,形成结合水膜,水膜的厚薄,影响黏性土的状态,进而影响其工程性质。同一种黏性土,当含水量较小时,土可呈半固体的坚硬状态;当含水量增加,水膜变厚,土呈可塑状态;如果含水量进一步增加,土中出现较多的自由水时,黏性土则呈流动状态。黏性土从坚硬状态到可塑状态,再到流动状态,对应着不同的含水量,这些相应的含水量称为界限含水量,见图 2-14 所示。

图 2-14　黏性土的界限含水量

1. 缩限wₛ

当黏性土由半固体状态不断蒸发水分,体积逐渐缩小至恒值,此时的界限含水量称为缩限 w_s。

2. 塑限wₚ

土由半固体状态转到可塑状态的界限含水量称为塑限 w_p。

塑限在试验室内可采用搓条法测定:将黏性土在毛玻璃上用手掌搓成直径 3mm 的土条时若恰好开始出现裂缝,此时的含水量就是塑限。

3. 液限wₗ

土由可塑状态转到流动状态的界限含水量称为液限 w_l。

黏性土的液限可采用锥式液限仪测定(如图 2-15 所示):先将土样调制成糊状,装入金属杯中,刮平表面,放在水平的底座上。圆锥式液限仪质量为76g,手持液限仪顶部的小柄,将角度为 30°的圆锥体的锥尖,置于土样表面的中心,松手后让液限仪在自重作用下沉入土中。若液限仪沉入土中深度为 10mm,即锥体的水平刻度恰好与土样表面齐平,则此时的含水量就是液限。

另外,还可采用液、塑限联合测定仪获得液限、塑限。制备三份不同稠度的试样,试样的

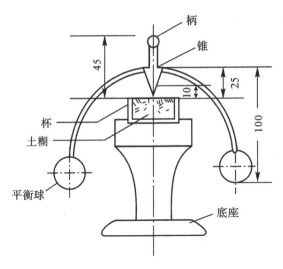

图 2-15　锥式液限仪

含水量分别接近液限、塑限和两者的中间状态。用 76 g 质量的圆锥式液限仪,分别测定三个试样的圆锥下沉深度相应的含水量,然后以含水量为横坐标,圆锥下沉深度为纵坐标,绘在双对数坐标纸上,将测得的三点连成直线,在含水量与圆锥下沉深度关系曲线上,找出下沉 10mm 对应的含水量,此即为液限 w_l,下沉深度为 2mm 所对应的含水量即为塑限 w_p,取值至整数。

土的液塑限试验操作,见本书的配套试验教材《土力学试验指导》。

2.5.2　稠度状态指标

土的稠度状态就是土的软硬程度。从现象上看,当把土塑成任意形状出现裂缝时,土处于半固态状态,塑成任意形状不出现裂缝时,土处于可塑状态。当含水量增大时,由于发生流动,故塑成形状的土体不能保持其形状而处于流动状态。

1. 塑性指数 I_p

塑性指数是液限减去塑限的差值(省去%符号):

$$I_p = w_l - w_p \qquad\qquad (2.5.1)$$

塑性指数表示土所处的塑性状态的含水量范围大小,塑性指数越大,吸纳水分的能力也越大,其黏粒含量就多。因此,工程上用塑性指数作为黏性土与粉土定名的依据。

2. 液性指数 I_l

液性指数是指黏性土的天然含水量和塑限的差值与塑性指数之比:

$$I_l = \frac{w - w_p}{w_l - w_p} = \frac{w - w_p}{I_p} \qquad\qquad (2.5.2)$$

液性指数是天然含水量与液限、塑限的相对关系,因此可以按照液性指数来判断土所处的物理状态(稠度状态)。

(1)当 $I_l < 0$ 时,即 $w < w_p$ 时,土处于坚硬状态;

(2)当 $0 \leqslant I_l \leqslant 1$ 时,即 $w_p \leqslant w \leqslant w_l$ 时,土处于可塑状态;

(3)当 $I_l > 0$ 时,即 $w > w_l$ 时,土处于流动状态。

《建筑地基基础设计规范》(GB 50007—2002)规定,黏性土根据液性指数大小划分为坚硬、硬塑、可塑、软塑及流塑五种软硬状态,划分标准如图 2-16 所示。

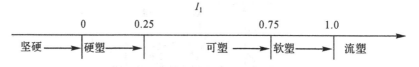

图 2-16　黏性土的状态划分

例题 2.3　从某地基取原状土样,测得土的液限为 37.4%,塑限为 23.0%,天然含水量为 26.0%。问:地基土处于何种状态?

解

已知:$w_1=37.4\%$　$w_p=23.0\%$　$w=16.0\%$

则　$I_p=w_1-w_p=37.4-23.0=14.4$

$$I_1=\frac{w-w_p}{I_p}=\frac{26-23}{14.4}=0.21$$

由 $0<I_1\leqslant0.25$ 可知,该地基土处于硬塑状态。

2.5.3　黏性土的灵敏度

由黏性土的结构知,固体颗粒之间的联结方式主要有两种:胶结联结和离子、水分子间的薄膜水联结。一旦原状土体受到扰动,这些联结作用就会受到破坏,造成土体强度降低。工程上用土的灵敏度 S_t 来表征强度降低程度,灵敏度 S_t 为原状土的无侧限抗压强度和扰动后重塑土的无侧限抗压强度之比:

$$S_t=\frac{q_u}{q_u'}\tag{2.5.3}$$

式中:q_u——原状土的无侧限抗压强度,kPa;

q_u'——扰动土的无侧限抗压强度(土体结构彻底破坏,含水量与原状土同),kPa。

根据灵敏度大小,可将黏性土的灵敏程度分为三大类:

(1)$1<S_t\leqslant2$,低灵敏;

(2)$2<S_t\leqslant4$,中灵敏;

(3)$S_t>4$,高灵敏。

黏性土的灵敏度越高,受到扰动后强度降低越大。当开挖黏性土基槽时,要注意尽量减少对基槽的扰动影响,尤其在采用机械开挖时,当开挖至距设计槽底标高 500mm 以上时,就应换用人工开挖,以免扰动土体,降低强度。

当扰动后的土体静置一段时间后,薄膜水分子重新组合,会使其强度得到恢复。这一性质对工程也具指导意义。例如,对挤土桩的施工,一般要求单根桩连续打入(或压入)土体,如果静置时间较长,桩周土的强度得到恢复,要继续将桩打入土体至设计标高将比较困难。

一般情况下,扰动后静置时间越长,强度恢复就越大。有很多学者对桩的承载力随时间增长而增大的关系进行了研究。《建筑地基基础设计规范》(GB 50007—2002)规定,做单桩竖向承载力抗压静载荷试验时,对于预制桩的间歇时间,黏性土中不得少于 15 天,饱和软黏土中不得少于 25 天。

2.6　无黏性土的密实度指标

无黏性土的固体颗粒较大,粒间基本无联结,具有单粒结构。评价无黏性土的物理状态指标与前面的黏性土的不同。黏性土用软硬来评价,而单粒土则只能用密实度评价。一般情况下,密实度大的无黏性土,其强度也大,可作为良好的天然地基。因此,对无黏性土工程性质的评价,就用与孔隙有关的指标了。

2.6.1　无黏性土的相对密度 D_r

广义上讲,可用相对密度 D_r 评价无黏性土的密实状态:

$$D_r = \frac{e_{max} - e}{e_{max} - e_{min}} \tag{2.5.4}$$

式中:e_{max}——无黏性土最松散时的孔隙比;

　　　e_{min}——无黏性土最密实时的孔隙比;

　　　e——无黏性土的天然孔隙比。

当 e 越接近 e_{min} 时,D_r 越接近 1,表明无黏性土越密实。当 e 越接近 e_{max} 时,D_r 越接近 0,表明无黏性土越松散。因此,可采用相对密度 D_r 评价无黏性土的密实度。

砂土根据 D_r 值大致分为以下三种状态:

(1)$1 \geqslant D_r > 0.67$,密实的;

(2)$0.67 \geqslant D_r > 0.33$,中密的;

(3)$0.33 \geqslant D_r \geqslant 0$,松散的。

2.6.2　无黏性土的贯入度

尽管用相对密度 D_r 评价无黏性土的密实度在理论上是严谨的,但在实际操作中比较困难,原因是原状土的天然孔隙比难以测定,同时试验室内测定最大、最小孔隙比误差也很大。

故工程上常采用动力触探原位试验法测定无黏性土的密实度。其中,碎石土的密实度采用重型圆锥动力触探锤击数 $N_{63.5}$ 判断,砂土的密实度采用标准贯入试验锤击数 N 判断。《建筑地基基础设计规范》(GB 50007—2002)规定:根据表 2-4 判断碎石土的密实度,根据表 2-5 判断砂土的密实度。

表 2-4　碎石土的密实度

重型圆锥动力触探锤击数 $N_{63.5}$	密实度	重型圆锥动力触探锤击数 $N_{63.5}$	密实度
$N_{63.5} \leqslant 5$	松散	$10 < N_{63.5} \leqslant 20$	中密
$5 < N_{63.5} \leqslant 10$	稍密	$N_{63.5} > 20$	密实

注:1. 本表适用于平均粒径小于等于 50mm 且最大粒径不超过 100mm 的卵石、碎石、圆砾、角砾。对于平均粒径大于 50mm 或最大粒径大于 100mm 的碎石土,可按本规范附录 B 鉴别其密实度。

　　2. 表内 $N_{63.5}$ 为经综合修正后的平均值。

标准贯入试验锤击数 N	密实度
$N \leqslant 10$	松散
$10 < N \leqslant 15$	稍密
$15 < N \leqslant 30$	中密
$N > 30$	密实

注：当用静力触探探头阻力判定砂土的密实度时，可根据当地经验确定。

2.7　土的压实原理

当地势较低时，就需要填土。填土在工程建设中应用很广泛，不仅应用在建筑地基的回填上，还应用在铁路、公路路基和水利大坝建造活动中。由于回填的土都是松散的，故必须要经过压实处理才能使用。经过压实的土具有渗透性小、强度高等特点，从而可保证回填土作为建筑地基或路基、坝基时的稳定性。

在回填土的压实过程中常有这种现象：当回填土的含水量过大或过小时，无论增加碾压遍数，还是增大击实功，回填土都不易被压实。只有当填料的含水量适当时，才能在最小功的作用下获得最大密实。这是由于当含水量较低时，固体颗粒表面的结合水膜薄，粒间摩阻力大而不易克服所致。当含水量逐渐增大时，颗粒表面的结合水膜渐厚，水膜润滑作用增大，颗粒表面的摩阻力相应减小，在外力作用下就容易压实。不过，当土中含水量太大时，由于增加了土的孔隙体积，使土中空气处于封闭状态不易排除，也会使填料不易压实。

填土的压实效果用压实后土的干密度检验，干密度越大，压实效果越好。为了经济而有效地把填土压实到设计要求的干密度，应对填土的压实性进行研究。这就是土的击实试验。

2.7.1　土的击实试验

土的击实试验分为轻型击实试验和重型击实试验。轻型击实试验适用于粒径小于 5mm 的土；重型击实试验适用于粒径不大于 20mm 的土。这里主要讲述适用于细粒土填料的轻型击实试验。

试样制备分为干法和湿法两种。采用干法制备时，用四分法取代表性土样 20kg，风干碾碎，过 5mm 筛；将筛下土样拌匀，并测定土样的风干含水量；配制 5 个含水量的土样，应有 2 个大于塑限，2 个小于塑限，1 个接近塑限，相邻 2 个含水率的差值宜为 2%。最后将每组土样装入击实仪内，用完全相同的方法加以击实。

击实后，分别测出每组土样击实后的含水量和干密度。以含水量为横坐标，干密度为纵坐标，绘制含水量—干密度曲线，得到击实曲线，如图 2-17 所示。

2.7.2　最大干密度和最优含水量

图 2-17 所示的 5 个土样，在图中表示为 5 个坐标点。当击实功和击实方法相同时，土的干密度随含水量的增加而增大。当干密度增大到某一值后，含水量再增加，干密度反而降低。在击实曲线上能找到一个最大干密度的点，此时的干密度称为最大干密度 ρ_{dmax}。与最大干密

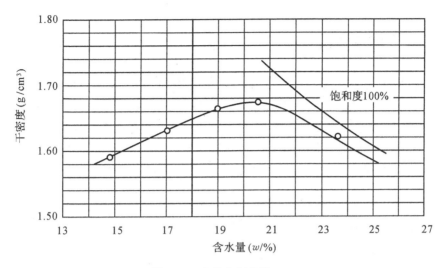

图 2-17 土的击实曲线 $\rho_d\text{-}w$

度对应的含水量称为最优含水量 w_{op}。土的最优含水量接近塑限。同一种土,干密度愈大,孔隙比就愈小,土的压实度越好。

在某一含水量下,理论上可将土样中所有气体从孔隙中赶走,使之只有固相和液相,达到完全饱和。将不同含水量土样所对应的饱和状态时的干密度绘于图 2-17 中,就得到理论上所能达到的最大压实曲线,即饱和度 $S_r=1$ 的压实曲线,也称饱和曲线。但实际上饱和状态是很难达到的。

2.7.3 击实试验指标的工程应用

工程上大面积填土时多用机械碾压。室内击实试验虽不能完全反映现场的压实情况,但也能基本确定填土的压实特性,检验现场压实土的压实程度。填土碾压后的压实效果可用土的压实系数 λ_c 来判断:

$$\lambda_c = \frac{\rho_d}{\rho_{dmax}} \times 100\% \tag{2.5.6}$$

式中: ρ_d——现场压实土的干密度,g/cm^3;

ρ_{dmax}——现场填料的室内击实试验最大干密度,g/cm^3。

《建筑地基基础设计规范》(GB 50007—2002)规定,压实填土的质量以压实系数 λ_c 控制,并应根据结构类型和压实填土所在部位按表 2-6 的数值确定。

表 2-6 压实填土的质量控制

结构类型	填土部位	压实系数 λ_c	控制含水量(%)
砌体承重结构 和框架结构	在地基主要受力层范围内	≥0.97	$w_{op} \pm 2$
	在地基主要受力层范围以下	≥0.95	
排架结构	在地基主要受力层范围内	≥0.96	
	在地基主要受力层范围以下	≥0.94	

注:1.压实系数 λ_c 为压实填土的控制干密度 ρ_d 与最大干密度 ρ_{dmax} 的比值,w_{op} 为最优含水量;
　　2.地坪垫层以下及基础底面标高以上的压实填土,压实系数不应小于 0.94。

2.8 土的渗透性

土是三相体系,赋存于孔隙中的自由水,在水头差的作用下将会发生缓慢流动。由于水在土体中的流动非常缓慢,故称这个过程为渗透,这样的土就具有渗透性。一般情况下,孔隙越大、水头差越大,则渗透速度也越大,单位时间通过某一渗透断面的流量也越大。

当水在土体中的流速很小,流动过程中流线不发生相交时,称之为层流。当水在土体中的流速相对较大,流动过程中流线发生相交时,称之为紊流。在黏性土、粉细砂中的渗透速度一般很慢,因此属于层流。

2.8.1 达西定律

1856 年法国工程师达西对砂土的渗透性进行了研究,其所用实验装置如图 2-18 所示。

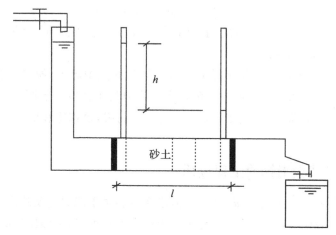

图 2-18 达西渗透实验装置

实验装置中部为盛满砂土的容器,截面积为 A。砂土试样长度为 l(水将在这个长度的砂土内发生渗流),显然截面积也为 A。由图 2-18 可以看出,发生渗流的土样左侧水头高于右侧的水头。若保持实验筒左侧水位不变,则此时可获得稳定的水头差 h。

达西发现,水在层流状态下,其渗透流速 v 与土样两端的水头差 h 成正比,而与渗透路径长度 l 成反比,即渗透速度与水力坡降成正比。其中,比例系数 k 被称为渗透系数。这就是反映渗流基本规律的达西定律,即:

$$v = k\frac{h}{l} = ki \tag{2.8.1}$$

或

$$Q = kiA \tag{2.8.2}$$

式中:v——断面平均渗透速度,mm/s;

h——发生渗透时,渗透体两端的水头差;

l——渗透路径;

i——水力坡度,无量纲,是单位渗透路径上的水头差;

k——渗透系数,mm/s,其物理意义是当水力坡降 $i=1$ 时的渗透速度;

Q——单位时间通过渗透截面水的渗透量,mm³/s。

从这个实验可以看出,渗透就是在水头差的作用下,水透过土体孔隙的现象,渗透性就是土允许水透过的性质。我们总是说,渗透系数大,土的渗透性就好,单位时间内通过渗透断面的渗透量就大。常见土的渗透系数见表 2-7。

表 2-7　常见土的渗透系数 k

土的类型	渗透系数 k(cm/s)
砾石、粗砂	$10^{-1}\sim10^{-2}$
中砂	$10^{-2}\sim10^{-3}$
细砂、粉砂	$10^{-3}\sim10^{-4}$
粉土	$10^{-4}\sim10^{-6}$
粉质黏土	$10^{-6}\sim10^{-7}$
黏土	$10^{-7}\sim10^{-9}$

2.8.2　渗透力与临界水力坡度

当土体中发生向下或向上的渗流时,土颗粒阻止渗透水流的通过,此时,渗透水流为了克服阻力,会在土颗粒上作用一个与渗流方向相同的力。这个力是由所克服的土颗粒体积决定的,因此是一种体积力。我们将渗透水流作用在单位土体土颗粒上的体积力称为单位渗透力,由于它是水在流动中产生的,故也称动水力,用 T 表示,单位为 kN/m³。

图 2-19 所示为渗透实验装置,左侧为储水器,水头高度可调,中间为发生渗透的土体,右侧为测压管 a(表示土样顶面的水头高度)、测压管 b(表示土样底面的水头高度)。我们研究发生向下、向上渗流时的情况。

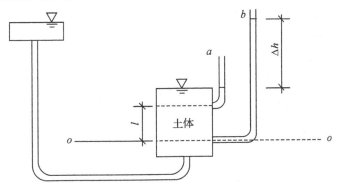

图 2-19　由下向上发生渗透装置

当左侧水头低于土样上的水头时,水流将通过土样发生自上而下的渗透,水流的渗透方向与土样重力方向一致,此时,渗透发生时施加的渗透力将使土样受到压缩。

当左侧水头高于土样上的水头时(如图 2-19 所示),水流将通过土样发生自下而上的渗透,水流的渗透方向与土样重力方向相反,这样将导致土颗粒的水下重度降低(因受动水力的作用,这里的水下重度不等于浮重度)。当左侧储水器提升到足够高度后,试样中土颗粒向上慢慢浮动。显然,这是与土颗粒自重方向相反的动水力作用在土颗粒上的结果,导致土颗粒向上浮动,此时土样的水下重度降低程度受左侧的水头高度影响,水头高度越大,水下重度降低程度就越大,土颗粒浮动越明显。从现象上看,水头差越大,土颗粒浮动现象越明显,表明动水力也越大,从本质上来说,这可归结为动水力与水头梯度的关系。

从试验中可以观察到,当储水器抬升到一定高度后,土颗粒才出现浮动,此时的水头高度称为临界水头高度,而与此相对应的水力坡度则被称为临界水力坡度,用 i_{cr} 表示。单位体积土体内土粒所受到的单位渗透力 j 为

$$j = \frac{\gamma_w \Delta h}{l} = \gamma_w i \tag{2.8.3}$$

出现土颗粒向上浮动的条件就是向上的动水力应大于或等于土颗粒的浮重度 γ':

$$j \geqslant \gamma'$$

$$\gamma_w i \geqslant \gamma'$$

则

$$i \geqslant \frac{\gamma'}{\gamma_w} \tag{2.8.4}$$

临界水力坡度表示为

$$i_{cr} = \frac{\gamma'}{\gamma_w} \tag{2.8.5}$$

2.8.3　流砂与管涌

1. 流砂

由于黏性土的渗透系数很小,渗透非常缓慢,因此渗透多发生在砂土、粉土中,而如果水力坡度足够大,就会发生流砂。

把水力坡度与临界水力坡度对比,可以判断土体发生渗流时,土体渗透所处的三种状态:

(1)如果 $i < i_{cr}$,土体处于稳定状态;

(2)如果 $i = i_{cr}$,土体处于临界状态;

(3)如果 $i > i_{cr}$,土体发生流砂。

可以看出,只有当水力条件改变,形成的水力坡度大于临界水力坡度时才可能发生流砂。最常见的条件改变形成较大水力坡度的现象,出现在基坑开挖过程中。当基坑开挖到地下水位以下时,由于基坑内的水要排干施工,随着基坑开挖深度的增加,水头差增大,水力坡度增大,当条件改变形成的水力坡度达到临界水力坡度时,就可能在基坑底部发生流砂。当流砂现象持续时间较长时,会造成大量土体流失,导致坑外地面沉陷,并直接危及基坑的安全性和附近建筑物的稳定性。

2. 管涌

管涌是指在渗流作用下,土体中的细颗粒在粗颗粒形成的孔隙通道中发生移动并被带走的现象。它可能发生在渗流出口,也可能发生在土体内部。

堤防、闸坝工程如地基为透水的砂土、砂卵石层,或表面为黏性土,其下有透水性较大的砂层,则临河水位升高时,水力坡度增大,渗透流速、压力也随之增加,当水力坡度大于堤坝地基土体临界水力坡度时,地基土体内的细粒土被渗透水流推动而连续带走,地表即形成管涌。

管涌孔径小的如蚁穴,大的有几十厘米,有的地方出现几个或多达几十个,甚至有数不清的管涌群。如果任其发展,流出浑水,日久洞径扩大,或基底掏空,会导致闸、坝骤然下沉,甚至造成堤(坝)溃决。

处理管涌的原则应以制止涌水带砂,而留有渗水出路。这样既可使粉砂、细砂不再被带走,又可以降低附近渗水压力,使险情得以稳定。

2.9　土的工程分类

我国《建筑地基基础设计规范》(GB 50007—2002)按照土的粒径及表现出来的相近性质,把岩土划分成六种类型:岩石、碎石土、砂土、粉土、黏性土和人工填土。另外,还按照土分布的区域性及工程性质的特殊性进行分类,这类土称为特殊类土。

2.9.1　按照土的粒径及表现出来的相近性质分类

1. 岩石

岩石应为颗粒间牢固联结、呈整体或具有节理裂隙的岩体。按其成因可分为岩浆岩、沉积岩和变质岩;按坚固性可分为硬质岩石和软质岩石,见表 2-8;按岩石风化程度可划分为微风化、中等风化和强风化三种,见表 2-9。

表 2-8　岩石坚固性的划分

岩石类型	代表性岩石
硬质岩石	花岗岩、花岗片麻岩、闪长岩、玄武岩、石英岩、石英砂岩、石灰岩等
软质岩石	页岩、黏土岩、绿泥石片岩、云母片岩等

表 2-9　岩石风化程度的划分

风化程度	特　征
微风化	岩质新鲜,表面稍有风化迹象
中等风化	1. 结构和构造层理清晰 2. 岩体被节理、裂隙分割成块状(200～500mm),裂隙中填充少量风化物。锤击声脆,且不易击碎 3. 用镐难挖,岩心钻方可钻进
强风化	1. 结构和构造层理不甚清晰,矿物成分已显著变化 2. 岩体被节理、裂隙分割成碎石状(20～200mm),碎石用手可折断 3. 用镐可以挖掘,手摇钻不易钻进

2. 碎石土

碎石土应为粒径大于 2mm 的含量超过土体全部重量的 50% 的土。根据粒组含量和颗粒形状,碎石土又可以进一步细分,如表 2-10 所示。

表 2-10 碎石土的分类

土名	颗粒形状描述	粒组含量
漂石	磨圆	粒径大于 200mm 的颗粒含量超过整个土体的 50%
块石	棱角	
卵石	磨圆	粒径大于 20mm 的颗粒含量超过整个土体的 50%
碎石	棱角	
圆砾	磨圆	粒径大于 2mm 的颗粒含量超过整个土体的 50%
角砾	棱角	

3. 砂土

砂土即细—中粒土,无塑性,由细小岩石及矿物碎片组成。砂粒直径变化在 $0.075\sim 2mm$ 之间,大于 $0.075mm$ 的土粒含量超过 50%,粒径大于 2mm 的颗粒含量不超过全重的 50% 的土称为砂土。按粒组含量,砂土又可以进一步分为砾砂、粗砂、中砂、细砂和粉砂五类,如表 2-11 所示。

表 2-11 砂土的分类

土名	粒组含量
砾砂	大于 2mm 粒径的颗粒含量占总重量的 25%~50%
粗砂	大于 0.5mm 粒径的颗粒含量超过总重量的 50%
中砂	大于 0.25mm 粒径的颗粒含量超过总重量的 50%
细砂	大于 0.075mm 粒径的颗粒含量超过总重量的 85%
粉砂	大于 0.075mm 粒径的颗粒含量超过总重量的 50%

4. 粉土

粉土是细粒土,它是粒径变化在 $0.005\sim 0.075mm$ 之间,且土粒大于 $0.075mm$ 的含量不超过 50%,塑性指数 $I_p\leqslant 10$ 的土。粉土性质介于砂土和黏土之间。无机质粉土亦称"岩粉"。

5. 黏性土

黏性土是 $I_p>10$ 的细粒土,粒径小于 $0.005mm$,形状不规整。黏性土按塑性指数 I_p 可细分成两类:粉质黏土和黏土。如表 2-12 所示。

表 2-12 黏性土的分类

塑性指数 I_p	土 名
$I_p>17$	黏土
$10<I_p\leqslant 17$	粉质黏土

6. 人工填土

人工填土是由于人类活动堆积而成的土。常见的人工填土有素填土、杂填土和冲填土。

(1)素填土:由碎石、砂土、粉土、黏性土等组成的填土。

(2)杂填土:是各种垃圾混杂形成的人工土,这些垃圾可能是工业废料,也可能是城市垃坂物。

(3)冲填土:是水力冲填泥沙形成的沉积土,如河堤和江堤挖沙、挖淤形成的土。

2.9.2　按照土分布的区域性及工程性质的特殊性进行分类

自然界的土,由于形成的年代、成因及形成以后经历的变化过程不同,因而各具有不同的物质组成和结构特征,形成不同类型的土,具有不同的工程地质性质。按其物质组成和结构联结的基本特征,可划分为以下几种。

1. 淤泥类土

淤泥类土是指在静水或水流缓慢的环境中沉积,有微生物参与作用的条件下形成的,含有较多有机质,疏松软弱的细粒土。其中,孔隙比大于 1.5 的称为淤泥;小于 1.5 而大于 1 的称为淤泥质土。

淤泥类土是在特定的环境中形成的,具有某些特殊的成分和结构,也就表现出特殊的工程性质:

(1)高孔隙比,高含水率,含水率大于液限。由于土具有一些联结,在未受扰动时,土常处于软塑状态,但一经扰动,结构随机被破坏,则土就处于流动状态。

(2)透水性极弱,渗透系数一般为 $1 \times 10^{-6} \sim 1 \times 10^{-8}$ cm/s。

(3)高压缩性,且随含水率的增加而增大。

(4)抗剪强度很低,且与加荷速度和排水固结条件有关。由于该类土饱水而结构疏松,所以在振动等强烈扰动下其强度也会急剧降低。同时,淤泥类土的蠕变性显著,必须考虑长期强度问题。

2. 膨胀土

膨胀土是指随含水量的增加而膨胀,随含水量的减少而收缩,具有明显膨胀和收缩特性的细粒土。

膨胀土一般呈红、黄、褐、灰白等色,具斑状结构。膨胀土的矿物成分以蒙脱石和伊利石为主,高岭石含量较少。

在我国,膨胀土主要分布在云南、广西、贵州及湖北等省区。膨胀土一般分布在二级及二级以上的阶地上或盆地的边缘,个别分布在一级阶地上。

膨胀土的一般工程地质特征为:

(1)较大的干密度和天然密度,含水率和孔隙比较小。孔隙比一般小于 0.8,含水率在 20% 左右,饱和度较大,一般在 80% 以上。

(2)液限和塑性指数较大,塑限一般为 17%～35%,液限为 40%～68%,塑性指数一般为 18～33。

(3)压缩性小,属中—低压缩性土,抗剪强度一般都比较高,但遇水后强度显著降低。

3. 湿陷性土

湿陷性土是一种第四纪陆相松散堆积物,在一定压力作用下受水浸湿后,结构迅速破坏而产生显著的附加沉陷。湿陷性土的颜色主要呈黄色或褐黄色,颗粒以粉粒为主,富含碳酸钙,有肉眼可见的大孔隙,天然剖面上垂直节理发育。

我国湿陷性土主要分布在西北、华北和东北等地,面积约为 $6.4 \times 10^5 \text{km}^2$。这些地区干旱少雨,具有大陆性气候的特点。

　　湿陷性土的结构为非均质的骨架式架空结构,由石英、长石、少量云母、重矿物等组成的极细砂粒和粉粒构成基本骨架。砂粒基本不接触,由石英和碳酸钙组成的细粉粒填充于由粗粉粒组成的架空结构中。伊利石和高岭石等组成的黏粒、吸附的水膜以及部分水溶盐为胶结物质,将粗颗粒胶结起来,形成大孔和多孔的结构形式。因此,天然状态下的湿陷性土一般具有以下一些特点:

　　(1)含水较少,含水量一般在 $10\%\sim25\%$ 之间,处于半固态或硬塑状态,饱和度一般为 $30\%\sim70\%$。

　　(2)密度小,孔隙率大。干密度一般为 $1.3\sim1.5\mathrm{g/cm^3}$,孔隙率常为 $45\%\sim55\%$。

　　(3)透水性较强。因发育有大孔隙和垂直节理,湿陷性土的透水性比粒度成分相类似的一般细粒土要强得多,渗透系数可达 $1\mathrm{m/d}$ 以上。

　　(4)抗水性弱,膨胀量较小,但失水收缩较明显,遇水湿陷较明显。

　　(5)压缩性中等,抗剪强度较高。天然状态下,压缩系数一般介于 $0.2\sim0.5\mathrm{MPa^{-1}}$ 之间,φ 一般为 $15°\sim25°$,c 值一般为 $0.03\sim0.06\mathrm{MPa}$。随着含水量的增加,其压缩性急剧增大,抗剪强度显著降低。

4. 红黏土

　　红黏土是指碳酸盐类岩石经强烈化学风化后形成的高塑性黏土。它主要为残积、坡积类型,一般分布在山坡、山麓、盆地或洼地中,其厚度变化很大,且与原始地形和下伏基岩面的起伏变化密切相关。红黏土广泛分布在我国云贵高原、四川东部、两湖和两广北部一些地区。

　　红黏土的颗粒细而均匀,黏粒含量很高。矿物成分以高岭石和伊利石为主,含少量蒙脱石等。红黏土由于黏粒含量较高,常呈蜂窝状和棉絮状结构,因此其工程地质性质主要为:

　　(1)高含水量、低密实度。天然含水量一般为 $30\%\sim60\%$,最高可达 90%。

　　(2)高塑性和分散性。塑限、液限和塑性指数都很大,液限一般在 $60\%\sim80\%$ 之间,有的高达 110%;塑限一般在 $30\%\sim60\%$ 之间;塑性指数一般为 $25\sim50$。

　　(3)强度较高,压缩性较低。φ 值一般为 $8°\sim18°$,c 值一般为 $0.04\sim0.09\mathrm{MPa}$;压缩模量一般为 $6\sim16\mathrm{MPa}$,多属中—低压缩性土。

　　(4)具有明显的收缩性,膨胀性轻微。失水后原状土的收缩率一般为 $7\%\sim22\%$;浸水后多数膨胀性轻微,膨胀率一般小于 2%。

思考题

2-1　土的基本特征是什么?它对土的工程性质有什么影响?

2-2　什么是不均匀系数?如何从颗粒级配曲线的陡或平缓来评价土的工程特性?

2-3　黏土矿物通常分为哪几组?它们在工程性质方面有哪些共同点和不同点?其原因是什么?

2-4　何谓土的结构?何谓土的构造?试分析土的各种构造对建筑工程的影响。

2-5　土中的水有哪几种形态?每种形态的水对土的性质有何影响?

2-6　什么是淤泥类土?它有哪些特殊的工程特性?

2-7　土的三相组成是什么?

2-8　土的三个基本物理性质指标是什么?

2-9　为什么黏性土中的黏粒含量越多,其塑性指数就越高?

2-10　为什么甲土的饱和度大于乙土,则甲土的含水量一定高于乙土?

2-11　为什么级配曲线的曲率系数越大,说明土中所含的黏粒越多,土越不均匀?

2-12　如何理解黏性土的软硬程度取决于含水量的大小,无黏性土的疏密程度取决于孔隙比的大小?

2-13　如何理解任何一种土只要渗透坡降足够大就可能发生流砂和管涌?

2-14　如何理解土中一点的渗透力大小取决于该点孔隙水总水头的大小?

2-15　如何理解地基中产生渗透破坏的主要原因是因为土粒受渗透力作用而引起的,因此,地基中孔隙水压力越高,土粒受的渗透力越大,越容易产生渗透破坏?

2-16　如何理解渗透力是一种体积力?

2-17　如何理解渗透系数与土的级配、水温、土的密实度及土中封闭气体有关?

2-18　如何理解土样中渗透水流的流速与水力坡降成正比?

习　题

2-1　某湿土的体积为 60cm³,湿土质量 0.1204kg,烘干后质量 0.0992kg,土粒比重为 2.7。请计算天然含水量 w,天然重度 γ,干重度 γ_d,孔隙比 e。

2-2　某干砂重度为 16.6kN/m³,土粒比重为 2.69,若砂样体积不变,饱和度增加到 40%,求砂样的孔隙比 e,含水量 w。

2-3　取土样 1kg,测定此时的含水量为 20%,根据施工需要,将土的含水量增加到 40%,计算要在土样中加多少水。

2-4　某地基土的天然重度 $\gamma=18.4$kN/m³,干重度 $\gamma_d=13.2$kN/m³。液限试验湿土重 14.5g,烘干后重 10.3g。搓条法塑限试验湿土重 5.2g,烘干后重 4.1g。求:
　　(1)土的天然含水量、塑性指数和液性指数;
　　(2)确定土的名称和物理状态。

2-5　一击实试验,击实筒体积 1000cm³,测得湿土质量为 1.95kg,取一质量为 17.48g 的湿土,烘干后质量为 15.03g,计算含水量和干重度。

2-6　某填土工程土料的天然含水量为 12%,夯实时土料的最优含水量为 16.5%,试问应该在每吨土中加多少水方可满足夯实要求。

2-7　某粉砂试样进行常水头渗透试验,砂样长 10cm,试验截面 5cm²,试验水头高 22cm,10min 渗流量 6.1cm³,试求粉砂的渗透系数。

2-8　土样高 20cm,横截面积为 20cm²,盛于玻璃管中,水由管顶注入,流经土样,再由管底流出,见图 2-20。设土面以上常水头高 70cm,在 5min 内,水经土样流入容器 A 中,重 180g,试求此土样的渗透系数及作用在土粒上的渗透力。

2-9　某工程基坑中,由于抽水引起水流由下往上流动,若水头差为 60cm,渗透路径 50cm,土的饱和重度 $\gamma_{sat}=20.2$kN/m³,问是否会发生流砂。

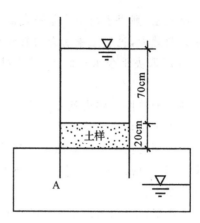

图 2-20 习题 2-8 附图

第3章　土中应力计算

1. 掌握土的自重应力与附加应力概念、计算方法及其分布规律；
2. 掌握基础底面压力的简化计算；
3. 掌握矩形和条形均布荷载作用下角点附加应力的计算、附加应力的分布规律。

3.1　概　述

　　土体作为建筑物地基,它承受上部结构传来的荷载时,其原有应力状态会发生变化,引起地基变形,从而使建筑物产生一定的沉降量和沉降差。如果应力变化引起的变形量在容许范围内,则不至于对建筑物的使用和安全造成危害；但当外部荷载在土中引起的应力过大时,则不仅会使建筑物发生超过允许范围内的沉降量和沉降差,还可能使土体发生局部破坏,甚至整体破坏而失去稳定。因此,研究土中应力计算的方法和土中应力的分布规律是研究地基和土工建筑物变形和稳定问题的基础。

　　土体中的应力,按其产生的原因可分为自重应力(由土层自重引起)和附加应力(由建筑物或其他荷载引起)。

　　本章主要讲述地基中附加应力的计算。

3.2　土中自重应力

3.2.1　竖向自重应力

　　一般情况下,土层的覆盖面积很大,所以土的自重可看作分布面积为无限大的荷载。土体在自重作用下既不产生侧向变形,也不产生剪切变形,只产生竖向变形。自重应力等于单位面积上土柱的重量。

　　对于均匀土质,自重应力可用式(3.2.1)计算：

$$\sigma_{cz} = \gamma h \qquad\qquad (3.2.1)$$

式中：γ——土的天然重度,kN/m^3；

　　h——土柱的高度,即计算应力点以上土层的厚度,m。

　　应力分布为直线分布。

对于成层土质,在地面以下深度为 z 处的自重应力等于 z 深度范围内各层土的土柱重量之和,也即

$$\sigma_{cz} = \sum_{i=1}^{n} \gamma_i h_i \qquad (3.2.2)$$

式中:n——深度 z 范围土层的数目;

$\quad\gamma_i$——第 i 层土的天然重度,kN/m³;

$\quad h_i$——第 i 层土的厚度,m。

此时应力分布呈折线形,如图 3-1 所示。

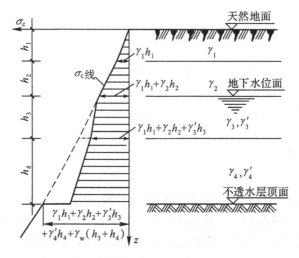

图 3-1 土的自重应力分布

对于有地下水存在的情况,仍可采用式(3.2.2)计算,但需将地下水位以下各层土的天然重度 γ_i 取为浮重度 γ_i',即

$$\gamma_i' = \gamma_{sat,i} - \gamma_w$$

对于地下水位以下存在不透水层的情况,在不透水层层面处自重应力等于全部上覆的水、土总重。

例题 3.1 某建筑场地的地质柱状图和土的有关指标列于图 3-2 中。试计算地面下深度为 2.5m、3.6m、5.0m、6.0m、9.0m 处的自重应力,并绘出分布图。

解 本例天然地面下第一层粉土厚6m,其中地下水以上和以下的厚度分别为 3.6m 和 2.4m;第二层为粉质黏土层。依次计算 2.5m、3.6m、5.0m、6.0m、9.0m 各深度处的土中竖向自重力,计算过程及自重应力分布图一并列于图 3-2 中。

3.2.2 水平向自重应力

由于侧限条件 $\varepsilon_x = \varepsilon_y = 0$ 且 $\sigma_{cx} = \sigma_{cy}$,根据广义胡克定律:

$$\varepsilon_x = \frac{\sigma_x}{E} - \frac{v}{E}(\sigma_y + \sigma_z) \qquad (3.2.3)$$

将侧限条件代入式(3.2.3),得

$$\varepsilon_x = \frac{\sigma_{cx}}{E} - \frac{v}{E}(\sigma_{cx} + \sigma_{cy})$$

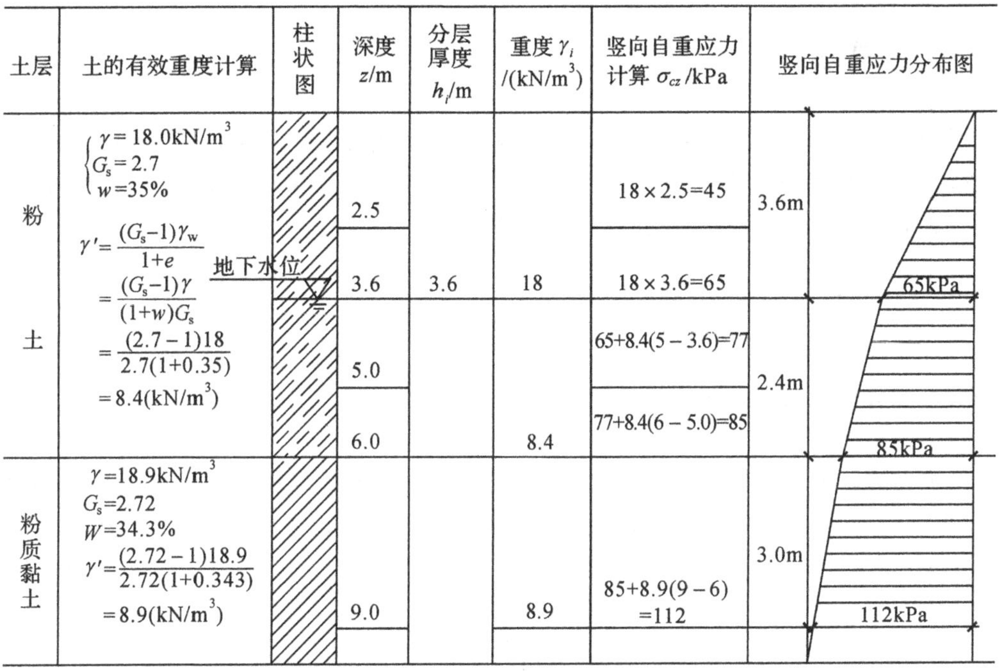

土层	土的有效重度计算	柱状图	深度 z/m	分层厚度 h_i/m	重度 γ_i/(kN/m³)	竖向自重应力计算 σ_{cz}/kPa	竖向自重应力分布图
粉 土	$\begin{cases}\gamma=18.0\text{kN/m}^3\\ G_s=2.7\\ w=35\%\end{cases}$ $\gamma'=\dfrac{(G_s-1)\gamma_w}{1+e}$ $=\dfrac{(G_s-1)\gamma}{(1+w)G_s}$ $=\dfrac{(2.7-1)18}{2.7(1+0.35)}$ $=8.4(\text{kN/m}^3)$ 地下水位		2.5 3.6 5.0 6.0	3.6 8.4	18	$18\times2.5=45$ $18\times3.6=65$ $65+8.4(5-3.6)=77$ $77+8.4(6-5.0)=85$	3.6m 65kPa 2.4m 85kPa
粉质黏土	$\gamma=18.9\text{kN/m}^3$ $G_s=2.72$ $W=34.3\%$ $\gamma'=\dfrac{(2.72-1)18.9}{2.72(1+0.343)}$ $=8.9(\text{kN/m}^3)$		9.0	8.9	8.9	$85+8.9(9-6)$ $=112$	3.0m 112kPa

图 3-2　例题 3.1 附图

故

$$\sigma_{cx}=\sigma_{cy}=\frac{v}{1-v}\sigma_{cz}$$

令

$$K_0=\frac{v}{1-v} \tag{3.2.4}$$

则

$$\sigma_{cx}=\sigma_{cy}=K_0\sigma_{cz} \tag{3.2.5}$$

K_0 称为土的侧压力系数，又称静止土压力系数。它是在侧限条件下土中水平有效应力与竖向有效应力之比，v 是土的泊松比。K_0 和 v 依土的种类、重度不同而异，无试验资料时，可参阅表 3-1。

表 3-1　土的侧压力系数 K_0 和泊松比 v 的参考值

土的种类与状态		K_0	v
碎石土		0.18~0.25	0.15~0.20
砂土		0.25~0.33	0.20~0.25
粉土		0.33	0.25
粉质黏土	坚硬状态	0.33	0.25
	可塑状态	0.43	0.30
	软塑及流塑状态	0.53	0.35
黏土	坚硬状态	0.33	0.25
	可塑状态	0.53	0.35
	软塑及流塑状态	0.72	0.42

3.3　基底压力

所谓基底压力是指基础底面与土之间接触面上的接触压力。因为建筑物的荷载是通过基础传给地基的,为了计算上部荷载在地基土层中引起的附加应力,就必须首先研究基础底面与基础底面接触面上的压力大小与分布情况。

3.3.1　基底接触压力的实际分布

试验表明,基础底面接触压力的分布取决于下列诸因素:①地基与基础的相对刚度;②荷载大小与分布情况;③基础埋深大小;④地基土的性质等。

1. 柔性基础

土坝、路基、油罐薄板一类基础,本身刚度很小,在竖向荷载作用下没有抗弯曲变形的能力,基础随着地基同步变形,因此柔性基础接触压力分布与其上部荷载分布情况一样,如图3-3所示。

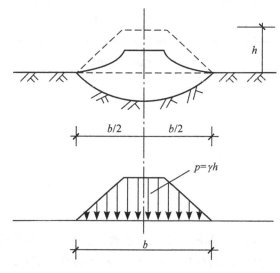

图 3-3　柔性基础接触压力分布

2. 刚性基础

大块整体基础本身刚度远超过土的刚度(如块式整体基础、桥墩、桥台等),这类刚性基础底面的接触压力分布很复杂,要求地基与基础的变形协调一致。

当基础放在砂土上时,四周作用着超载(相当于基础有埋深的情况),如图3-4(a)所示,基底压力呈抛物线分布。这是由于基础边缘的砂粒很容易朝侧向挤出,而将其应该承担的压力转嫁给基底的中间部位而形成的。当基础放在硬黏土上时,四周作用着超载,如图3-4(b)所示,基底反力分布图与放在砂土上时相反,呈现中间小、边缘大的马鞍形。这是由于硬黏土有较大的内聚力,不大容易发生土粒的侧向挤出,故而应力在边缘集中。

鉴于目前还没有精确、简便的接触压力计算方法,实际工程中可采用下列两种方法之一来确定基底压力分布:

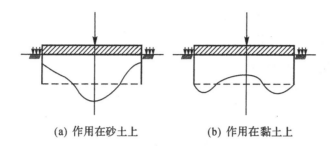

(a) 作用在砂土上　　　　　(b) 作用在黏土上

图 3-4　刚性基础接触压力分布

(1)对于大多数情况,用简化方法计算接触压力;

(2)在比较复杂的情况下(如十字交叉条形基础、筏板基础、箱形基础等),为了考虑基础刚度的影响,应用弹性地基上梁板理论,确定接触压力,可参考基础工程类教材。

3.3.2　基底接触压力的简化计算

1. 矩形基础作用中心荷载

此时基底压力简化为均匀分布,其值按式(3.3.1)计算:

$$p = \frac{F+G}{A} \tag{3.3.1}$$

式中:p——基础底面接触压力,kPa;

F——上部结构传至基础顶面的竖向力值,kN;

G——基础及其上回填土的总重,$G = \gamma_G Ad$,其中 γ_G 为基础与回填土的平均重度,一般取 20kN/m^3,在地下水面以下时取有效重度,d 为基础埋深,从设计地面或室内外平均设计地面算起;

A——基础底面面积,m^2。

当长度大于宽度的 10 倍及以上时,可视为条形基础,则沿长度方向取 1.0m 来计算(如图 3-5 所示)。此时式(3.3.1)中的 F、G 代表每延长 1.0m 内的相应值。

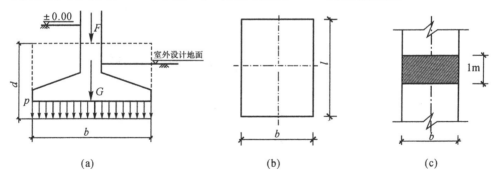

图 3-5　中心荷载基底压力分布

2. 矩形基础作用偏心荷载

矩形基础受偏心荷载作用时,基底压力可按材料力学偏心受压公式简化计算。对于常见的偏心荷载作用于矩形基底的一个主轴上,基底的边缘压力按式(3.3.2)计算:

$$\left.\begin{array}{c} p_{\max} \\ p_{\min} \end{array}\right\} = \frac{F+G}{lb} \pm \frac{M}{W} \tag{3.3.2}$$

式中：p_{max}、p_{min}——基础底面最大、最小压力设计值，kPa；

    M——作用在基础底面的力矩，kN/m；

    W——基础底面的抵抗矩，$W=\frac{1}{6}lb^2$，m^3；

    b——偏心荷载作用在基础底面主轴线的长度，m；

    l——垂直于 b 的基础底面主轴线的长度，m。

将偏心荷载的偏心距 $e=\dfrac{M}{G+F}$ 代入式(3.3.2)得

$$\left.\begin{array}{c}p_{max}\\p_{min}\end{array}\right\}=\frac{F+G}{lb}(1\pm\frac{6e}{b}) \tag{3.3.3}$$

由于偏心距 e 不同，基础底面接触压力的分布也就不同，其分布情况为：

(1)当 $e<\dfrac{b}{6}$ 时称为小偏心，$p_{min}>0$，基底压力分布为梯形(如图 3-6(a)所示)；

(2)当 $e=\dfrac{b}{6}$ 时，$p_{min}=0$，基底压力分布为三角形(如图 3-6(b)所示)；

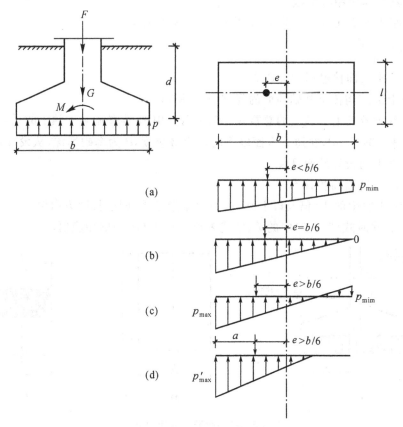

图 3-6 接触压力的计算图形

(3)当 $e>\dfrac{b}{6}$ 时称为大偏心，$p_{min}<0$，最小应力一端出现拉应力(如图 3-6(c)所示)。实际上，由于基础与地基之间不能承受拉应力，此时基础底面将部分和地基土脱离，基底实际的压力分布如图 3-6(d)所示的三角形，此时 $p_{max}=2(F+G)/3la$，其中 $a=0.5b-e$。

对于条形基础($l/b\geqslant10$)，偏心荷载在基础宽度 b 方向的接触压力计算只需要取 $l=1m$

为计算单元即可,式(3.3.3)可变为

$$\left.\begin{array}{c} p_{\max} \\ p_{\min} \end{array}\right\} = \frac{F+G}{b}(1 \pm \frac{6e}{b})$$

实际工程中,为了减少因基底反力不均匀而引起过大的不均匀沉降,通常要求 $p_{\max}/p_{\min}$ $\leqslant(1.5\sim3.0)$,对于压缩性大的黏性土采用小值,对于压缩性小的黏性土可用大值。

若基础受双向偏心荷载作用,则基底任意一点的基底压力为

$$p(x,y) = \frac{F+G}{A} \pm \frac{M_x y}{I_x} \pm \frac{M_y x}{I_y} \tag{3.3.4}$$

式中:$p(x,y)$——基底任一点(x,y)的基底压力,kPa;

M_x、M_y——竖直偏心荷载对基础底面x轴、y轴的力矩,kN/m;

I_x、I_y——基础底面对x轴、y轴的惯性矩,m;

$M_x=(F+G) \cdot e_y$,$M_y=(F+G) \cdot e_x$

e_x、e_y——竖直荷载对x轴、y轴的偏心矩,m。

3.3.3　基础底面附加压力

在建筑物建造前,土中早已存在着自重应力,一般天然土层在自重作用下的变形早已结束,因此只有基底附加压力才能引起地基的附加应力和变形。如果基础砌置在天然地面上,那么全部基底压力就是新增加于地基表面的基底附加压力。实际上,一般浅基础总是埋置在天然地面下一定深度处,该处原有的自重应力由于开挖而卸除。因此,由建筑物建造后的基底压力中扣除基底标高处原有的土中的自重应力后,才是基底平面处增加的地基应力,称为基底附加压力,基底平均附加压力值按式(3.3.5)计算(如图 3-7 所示):

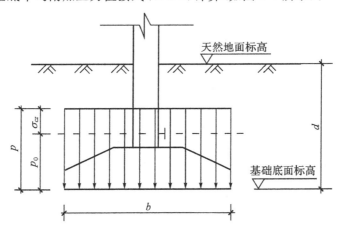

图 3-7　基底平均附加压力的计算

$$p_0 = p - \sigma_{cz} = p - \gamma_0 d \tag{3.3.5}$$

式中:p——基底接触压力,kPa;

σ_{cz}——基础底面处土的自重应力,kPa;

γ_0——基础底面标高以上天然土层的加权平均重度,kN/m³,$\gamma_0=(\gamma_1 h_1 + \gamma_2 h_2 + \cdots)/$ $(h_1 + h_2 + \cdots)$,其中地下水位以下的重度取有效重度;

d——基础埋深,m,必须从天然地面算起,对于新填土场则应从天然地面算起。

有了基底附加压力,即可把它作为作用在弹性半空间表面上的局部荷载,由此根据弹性理论计算地基中的附加应力。实际上,基底附加压力一般作用在地表下一定深度(指浅基础的埋深)处。因此,假设它作用在半空间表面上,而运用弹性力学解答所得的结果只是近似结果。不过,对于一般浅基础来说,这种假设所造成的误差可以忽略不计。

3.4 地基附加应力

在计算地基中的附加应力时,一般假定地基土是各向同性、均质的线性变形体,而且在深度和水平方向上都是无限延伸的,这样就可以直接采用弹性半空间的理论来解答。另外,通常将基底压力看成是柔性荷载,不考虑基础刚度的影响。

本节先介绍属于空间问题的集中力、矩形荷载和圆形荷载作用下的解答,然后介绍属于平面问题的线荷载和条形荷载作用下的解答,最后,概要介绍一些非均质地基附加应力的弹性力学解答。

3.4.1 竖向集中力作用下的地基附加应力

1. 布辛奈斯克解

在弹性半空间表面上作用一个竖向集中力时,半空间内任意点处所引起的应力和位移的弹性力学解答是由法国 J. 布辛奈斯克(Boussinesq,1885)作出的。如图 3-8 所示,在半空间(相当于地基)中任意点 $M(x,y,z)$ 处的六个应力分量和三个位移分量的解答如下:

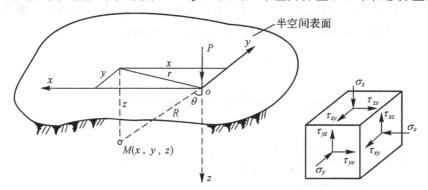

(a) 半空间中任意点 M (b) M 点处的微单元体

图 3-8 一个竖向集中力作用下所引起的应力

$$\sigma_x = \frac{3P}{2\pi} \left\{ \frac{x^2 z}{R^5} + \frac{1-2v}{3} \left[\frac{1}{R(R+z)} - \frac{(2R+z)x^2}{(R+z)^2 R^3} - \frac{z}{R^3} \right] \right\} \tag{3.4.1a}$$

$$\sigma_y = \frac{3P}{2\pi} \left\{ \frac{y^2 z}{R^5} + \frac{1-2v}{3} \left[\frac{1}{R(R+z)} - \frac{(2R+z)y^2}{(R+z)^2 R^3} - \frac{z}{R^3} \right] \right\} \tag{3.4.1b}$$

$$\sigma_z = \frac{3Pz^3}{2\pi R^5} = \frac{3P}{2\pi R^2}\cos^3\theta \tag{3.4.1c}$$

$$\tau_{xy} = \frac{3P}{2\pi} \left[\frac{xyz}{R^5} - \frac{1-2v}{3}\frac{(2R+z)xy}{(R+z)^2 R^3} \right] \tag{3.4.2a}$$

$$\tau_{yz} = \frac{3P}{2\pi}\frac{yz^2}{R^5} \tag{3.4.2b}$$

$$\tau_{zx}=\frac{3P}{2\pi}\frac{xy^2}{R^5} \tag{3.4.2c}$$

$$u_x=\frac{P}{4\pi G}\left[\frac{xz}{R^3}-(1-2v)\frac{x}{R(R+z)}\right] \tag{3.4.3a}$$

$$u_y=\frac{P}{4\pi G}\left[\frac{yz}{R^3}-(1-2v)\frac{y}{R(R+z)}\right] \tag{3.4.3b}$$

$$u_z=\frac{P}{4\pi G}\left[\frac{z^2}{R^3}+2(1-v)\frac{1}{R}\right] \tag{3.4.3c}$$

式中:σ_x、σ_y、σ_z——x、y、z 方向的法向应力;

　　　τ_{xy}、τ_{yz}、τ_{zx}——切向应力;

　　　u_x、u_y、u_z——M 点沿 x、y、z 方向的位移;

　　　P——作用于坐标原点 o 的竖向集中力;

　　　R——坐标原点 o 至 M 点的距离,$R=\sqrt{x^2+y^2+z^2}=\sqrt{r^2+z^2}=z/\cos\theta$;

　　　θ——R 线与 z 轴的夹角;

　　　r——坐标原点 o 与 M 点的水平距离;

　　　G——剪切模量,$G=\dfrac{E}{2(1+v)}$,其中,E 为土的弹性模量,v 为土的泊松比。

　　用 $R=0$ 代入以上各式,所得出的结果均为无限大,因此,所选择的计算点不应过于接近集中力的作用点。

　　建筑物作用于地基上的荷载,是属于分布在一定面积上的局部荷载,因此理论上的集中力在实际中是不存在的。利用布辛奈斯克解答,根据弹性力学的叠加原理可以通过积分或等代荷载法求得各种局部荷载下的地基中的附加应力。

　　在以上六个应力分量和三个位移分量的公式中,竖向应力 σ_z 和竖向位移 u_z 最为常用,后面有关地基附加应力的计算主要是针对 σ_z 而言的。

2. 等代荷载法

　　如果地基中某点 M 与局部荷载的距离比荷载面尺寸大很多,就可以用一个集中力 P 代替局部荷载,然后直接应用式(3.4.1c)计算该点的 σ_z。为了计算上方便,以 $R=\sqrt{r^2+z^2}$ 代入式(3.4.1c),则

$$\sigma_z=\frac{3}{2\pi}\frac{1}{[(r/z)^2+1]^{5/2}}\frac{P}{z^2} \tag{3.4.4}$$

令 $\alpha=\dfrac{3}{2\pi}\dfrac{1}{[(r/z)^2+1]^{5/2}}$,则上式改写为

$$\sigma_z=\alpha\frac{P}{z^2} \tag{3.4.5}$$

式中:α——集中力作用下的地基竖向附加应力系数,简称集中应力系数,按 r/z 值由表 3-2 查得。

　　若干个竖向集中力 $P_i(i=1,2,\cdots,n)$ 作用在地基表面上,按叠加原理,则地面下 z 深度处某点 M 的附加应力 σ_z 应为各集中力单独作用时在 M 点所引起的附加应力之和(如图3-9所示),即

$$\sigma_z=\sum_{i=1}^{n}\alpha_i\frac{P_i}{z^2}=\frac{1}{z^2}\sum_{i=1}^{n}\alpha_iP_i \tag{3.4.6}$$

式中：α_i——第 i 个集中应力系数，在计算 r_i 中是第 i 个集中荷载作用点到 M 点的水平距离。

表 3-2　集中荷载作用下地基竖向附加应力系数 α

r/z	α	r/z	α	r/z	α	r/z	α	r/z	α
0	0.4775	0.50	0.2733	1.00	0.0844	1.50	0.0251	2.00	0.0085
0.05	0.4745	0.55	0.2466	1.05	0.0744	1.55	0.0224	2.20	0.0058
0.10	0.4657	0.60	0.2214	1.10	0.0658	1.60	0.0200	2.40	0.0040
0.15	0.4516	0.65	0.1978	1.15	0.0581	1.65	0.0179	2.60	0.0029
0.20	0.4329	0.70	0.1762	1.20	0.0513	1.70	0.0160	2.80	0.0021
0.25	0.4103	0.75	0.1565	1.25	0.0454	1.75	0.0144	3.00	0.0015
0.30	0.3849	0.80	0.1386	1.30	0.0402	1.80	0.0129	3.50	0.0007
0.35	0.3577	0.85	0.1226	1.35	0.0357	1.85	0.0116	4.00	0.0004
0.40	0.3294	0.90	0.1083	1.40	0.0317	1.90	0.0105	4.50	0.0002
0.45	0.3011	0.95	0.0956	1.45	0.0282	1.95	0.0095	5.00	0.0001

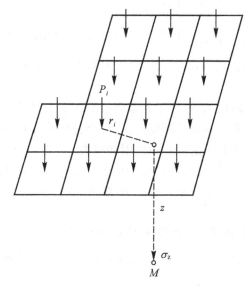

图 3-9　以等代荷载法计算 σ_z

当局部荷载的平面形状或分布情况不规则时，可将荷载面（或基础底面）分成若干个形状规则（如矩形）的单元面积，每个单元面积上的分布荷载近似地以作用在单元面积形心上的集中力来代替，这样就可以利用式（3.4.6）求算地基中某点 M 的附加应力。由于集中力作用点附近的 σ_z 为无限大，所以这种方法不适用于过于靠近荷载面的计算点。它的计算精确度取决于单元面积的大小。一般当矩形单元面积的长边小于面积形心到计算点的距离 1/2、1/3 或 1/4 时，所算得附加应力的误差分别不大于 6%、3% 或 2%。

　　例题 3.2　在地基上作用一集中力 $P=100\text{kN}$，要求确定：(1)在地基中 $z=2\text{m}$ 的水平面上，水平距离 $r=0$、1、2、3、4m 处各点的附加应力 σ_z 值，并绘出分布图；(2)在地基中 $r=0$ 的竖向直线上距地基表面 $z=0$、1、2、3、4m 处各点的 σ_z 值，并绘出分布图；(3)取 $\sigma_z=10$、5、2、1kPa，反算在地基中 $z=2\text{m}$ 的水平面上的 r 值和在 $r=0$ 的竖直线上的 z 值，并绘出四个 σ_z 等值线图。

解　(1)σ_z 的计算资料列于表 3-3，σ_z 分布图绘于图 3-10；

表 3-3

$z(m)$	$r(m)$	r/z	α	$\sigma_z=\alpha\dfrac{P}{z^2}$ (kPa)
2	0	0	0.4775	$0.4775\times\dfrac{100}{2^2}=11.9$
2	1	0.5	0.2733	6.8
2	2	1.0	0.0844	2.1
2	3	1.5	0.0251	0.6
2	4	2.0	0.0085	0.2

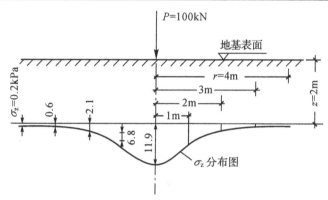

图 3-10　例题 3.2 附图 1

(2)σ_z 的计算资料列于表 3-4，σ_z 分布图绘于图 3-11；

表 3-4

$z(m)$	$r(m)$	r/z	α	$\sigma_z=\alpha\dfrac{P}{z^2}$ (kPa)
0	0	0	0.4775	∞
1	0	0	0.4775	47.8
2	0	0	0.4775	11.9
3	0	0	0.4775	5.3
4	0	0	0.4775	3.0

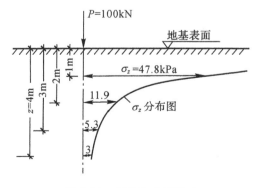

图 3-11　例题 3.2 附图 2

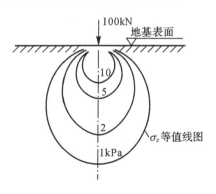

图 3-12　例题 3.2 附图 3

（3）反算资料列于表 3-5；σ_z 等值线图绘于图 3-12。

表 3-5

z(m)	r(m)	r/z	α	σ_z(kPa)
2	0.54	0.27	0.4000	10
2	1.30	0.65	0.2000	5
2	2.00	1.00	0.0844	2
2	2.60	1.30	0.0402	1
2.19	0	0	0.4775	10
3.09	0	0	0.4775	5
5.37	0	0	0.4775	2
6.91	0	0	0.4775	1

3.4.2　矩形荷载和圆形荷载下的地基附加应力

1.均布的矩形荷载

设矩形荷载面的长度和宽度分别为 l 和 b，作用于地基上的竖向均布荷载为 p_0。先以积分法求得矩形荷载面角点下的地基附加应力，然后运用角点法求得矩形荷载下任意点的地基附加应力。以矩形荷载面角点为坐标原点 o（如图 3-13 所示），在荷载面内坐标为（x，y）处取一微单元面积 $\mathrm{d}x\mathrm{d}y$，并将其上的分布荷载以集中力 $p_0\mathrm{d}x\mathrm{d}y$ 来代替，则在角点 o 下任意深度 z 的 M 点处由该集中力引起的竖向附加应力 σ_z，按式（3.4.1c）为

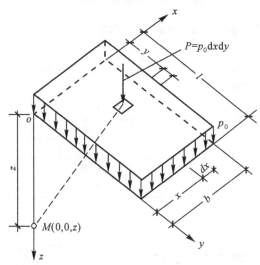

图 3-13　均布矩形荷载角点下的附加应力

$$\mathrm{d}\sigma_z = \frac{3p_0 \cdot z^3 \mathrm{d}x \cdot \mathrm{d}y}{2\pi(x^2+y^2+z^2)^{5/2}} \tag{3.4.7}$$

将它对着整个矩形荷载面 A 进行积分：

$$\sigma_z = \iint_A \mathrm{d}\sigma_z = \frac{3p_0 z^3}{2\pi}\int_0^l\int_0^b \frac{\mathrm{d}x\mathrm{d}y}{(x^2+y^2+z^2)^{5/2}}$$

$$= \frac{p_0}{2\pi}\left[\arctan\frac{m}{n\sqrt{1+m^2+n^2}} + \frac{mn}{\sqrt{1+m^2+n^2}}\times\left(\frac{1}{m^2+n^2}+\frac{1}{1+n^2}\right)\right] \tag{3.4.8}$$

其中　　$m = \dfrac{l}{b}$，　$n = \dfrac{z}{b}$

为了计算方便,令

$$\alpha_c = \frac{1}{2\pi}\left[\arctan\frac{m}{n\sqrt{1+m^2+n^2}} + \frac{mn}{\sqrt{1+m^2+n^2}} \times \left(\frac{1}{m^2+n^2} + \frac{1}{1+n^2}\right)\right]$$

则式(3.4.8)可表达为

$$\sigma_z = \alpha_c p_0 \qquad\qquad\qquad\qquad (3.4.9)$$

α_c 为均布矩形荷载角点下的竖向附加应力系数,简称角点应力系数,可按 m 及 n 值由表 3-6 查得。

表 3-6　均布的矩形荷载角点下的竖向附加应力系数值

z/b ＼ l/b	1.0	1.2	1.4	1.6	1.8	2.0	3.0	4.0	5.0	6.0	10.0	条形
0.0	0.250	0.250	0.250	0.250	0.250	0.250	0.250	0.250	0.250	0.250	0.250	0.250
0.2	0.249	0.249	0.249	0.249	0.249	0.249	0.249	0.249	0.249	0.249	0.249	0.249
0.4	0.240	0.242	0.243	0.243	0.244	0.244	0.244	0.244	0.244	0.244	0.244	0.244
0.6	0.223	0.228	0.230	0.232	0.232	0.233	0.234	0.234	0.234	0.234	0.234	0.234
0.8	0.200	0.207	0.212	0.215	0.216	0.218	0.220	0.220	0.220	0.220	0.220	0.220
1.0	0.175	0.185	0.191	0.195	0.198	0.200	0.203	0.204	0.204	0.204	0.205	0.205
1.2	0.152	0.163	0.171	0.176	0.179	0.182	0.187	0.188	0.189	0.189	0.189	0.189
1.4	0.131	0.142	0.151	0.157	0.161	0.164	0.171	0.173	0.173	0.174	0.174	0.174
1.6	0.112	0.124	0.133	0.140	0.145	0.148	0.157	0.159	0.160	0.160	0.160	0.160
1.8	0.097	0.108	0.117	0.124	0.129	0.133	0.143	0.146	0.147	0.138	0.148	0.148
2.0	0.084	0.095	0.103	0.110	0.116	0.120	0.131	0.135	0.136	0.137	0.137	0.137
2.2	0.073	0.083	0.092	0.098	0.104	0.108	0.121	0.125	0.126	0.127	0.128	0.128
2.4	0.064	0.073	0.081	0.088	0.093	0.098	0.111	0.116	0.118	0.118	0.119	0.119
2.6	0.057	0.065	0.072	0.079	0.084	0.089	0.102	0.107	0.110	0.111	0.112	0.112
2.8	0.050	0.058	0.065	0.071	0.076	0.080	0.094	0.100	0.102	0.104	0.105	0.105
3.0	0.045	0.052	0.058	0.064	0.069	0.073	0.087	0.093	0.096	0.097	0.099	0.099
3.2	0.040	0.047	0.053	0.058	0.063	0.067	0.081	0.087	0.090	0.092	0.093	0.094
3.4	0.036	0.042	0.048	0.053	0.057	0.061	0.075	0.081	0.085	0.086	0.088	0.089
3.6	0.033	0.038	0.043	0.048	0.052	0.056	0.069	0.076	0.080	0.082	0.084	0.084
3.8	0.030	0.035	0.040	0.043	0.048	0.052	0.065	0.072	0.075	0.077	0.080	0.080
4.0	0.027	0.032	0.036	0.040	0.043	0.048	0.060	0.067	0.071	0.073	0.076	0.076
4.2	0.025	0.029	0.033	0.037	0.041	0.044	0.056	0.063	0.067	0.070	0.072	0.073
4.4	0.023	0.027	0.031	0.034	0.038	0.041	0.053	0.060	0.064	0.066	0.069	0.070
4.6	0.021	0.025	0.028	0.032	0.035	0.038	0.049	0.056	0.061	0.063	0.066	0.067
4.8	0.019	0.023	0.026	0.029	0.032	0.035	0.046	0.053	0.058	0.060	0.064	0.064
5.0	0.018	0.021	0.024	0.027	0.030	0.033	0.043	0.050	0.055	0.057	0.061	0.062
6.0	0.013	0.015	0.017	0.020	0.022	0.024	0.033	0.039	0.043	0.046	0.051	0.052
7.0	0.009	0.011	0.013	0.015	0.016	0.018	0.025	0.031	0.035	0.038	0.043	0.045
8.0	0.007	0.009	0.010	0.011	0.013	0.014	0.020	0.025	0.028	0.031	0.037	0.039
9.0	0.006	0.007	0.008	0.009	0.010	0.011	0.016	0.020	0.024	0.026	0.032	0.035
10.0	0.005	0.006	0.007	0.007	0.008	0.009	0.013	0.017	0.020	0.022	0.028	0.032
12.0	0.003	0.004	0.005	0.004	0.006	0.006	0.009	0.012	0.014	0.017	0.022	0.026
14.0	0.002	0.003	0.004	0.003	0.004	0.005	0.007	0.009	0.011	0.013	0.018	0.023
16.0	0.002	0.002	0.003	0.003	0.003	0.004	0.005	0.007	0.009	0.010	0.014	0.020
18.0	0.001	0.002	0.002	0.002	0.003	0.003	0.004	0.006	0.007	0.008	0.012	0.018
20.0	0.001	0.001	0.001	0.002	0.002	0.002	0.004	0.005	0.006	0.007	0.010	0.016
25.0	0.001	0.001	0.001	0.001	0.001	0.002	0.002	0.003	0.004	0.004	0.007	0.013
30.0	0.001	0.001	0.001	0.001	0.001	0.001	0.002	0.002	0.003	0.003	0.005	0.011
35.0	0.000	0.001	0.001	0.001	0.001	0.001	0.001	0.002	0.002	0.002	0.004	0.009
40.0	0.000	0.000	0.000	0.000	0.001	0.001	0.001	0.001	0.001	0.002	0.003	0.008

对于均布矩形荷载附加应力计算点不位于角点下的情况,就可利用式(3.4.9)以角点法求得。图 3-14 中列出计算点不位于矩形荷载面角点下的四种情况(在图中 o 点以下任意深度 z 处)。计算时,通过 o 点把荷载面分成若干个矩形面积,这样,o 点就必然是划分出的各个矩形的公共角点,然后再按式(3.4.9)计算每个矩形角点下同一深度 z 处的附加应力 σ_z,并求其代数和。四种情况的算式分别如下:

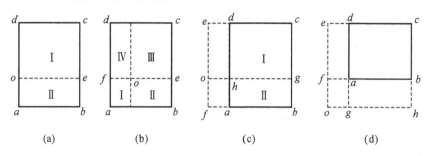

图 3-14　以角点法计算均布矩形荷载下的地基附加应力

计算点 o 在:(a)荷载面边缘;(b)荷载面内;(c)荷载面边缘外侧;(d)荷载面角点外侧

(1)o 点在荷载面边缘,如图 3-14(a)所示。

$$\sigma_z = (\alpha_{cI} + \alpha_{cII}) p_0$$

式中 α_{cI} 和 α_{cII} 分别表示相应于面积 I 和 II 的角点应力系数。必须指出,查表 3-5 时所取用边长 l 应为任一矩形荷载面的长度,而 b 则为宽度,以下各种情况相同,不再赘述。

(2)o 点在荷载面内,如图 3-14(b)所示。

$$\sigma_z = (\alpha_{cI} + \alpha_{cII} + \alpha_{cIII} + \alpha_{cIV}) p_0$$

如果 o 点位于荷载面中心,则 $\alpha_{cI} = \alpha_{cII} = \alpha_{cIII} = \alpha_{cIV}$,得 $\sigma_z = 4\alpha_{cI} p_0$,这就是利用角点法求均布的矩形荷载面中心点下的 σ_z 解。

(3)o 点在荷载面边缘外侧,如图 3-14(c)所示。

此时荷载面 $abcd$ 可看成是由 I($ofbg$)与 II($ofah$)之差和 III($oecg$)与 III($oedh$)之差合成的,所以

$$\sigma_z = (\alpha_{cI} - \alpha_{cII} + \alpha_{cIII} - \alpha_{cIV}) p_0$$

(4)o 点在荷载面角点外侧,如图 3-14(d)所示。

把荷载面 $abcd$ 可看成是由 I($ohce$)、IV($ogaf$)两个面积中扣除 III($ogde$)与 II($ohbf$)而合成的,所以

$$\sigma_z = (\alpha_{cI} - \alpha_{cII} - \alpha_{cIII} + \alpha_{cIV}) p_0$$

例题 3.3　用角点法计算图 3-15 所示矩形基础甲的基底中心点垂线下不同深度处的地基附加应力 σ_z 的分布,并考虑两相邻基础乙的影响(相邻柱距 6m,荷载同基础甲)。

解　(1)计算基础甲的基底平均附加应力如下:

基础及其上覆填土的总重　$G = \gamma_G A d = 20 \times 5 \times 4 \times 1.5 = 600$ (kN)

基础接触压力　$p = \dfrac{F+G}{A} = \dfrac{1940+600}{20} = 127$ (kPa)

基底处土的自重应力　$\sigma_c = \gamma_0 d = 18 \times 1.5 = 27$ (kPa)

基底附加压力　$p_0 = p - \sigma_c = 127 - 27 = 100$ (kPa)

(2)计算基础甲中心点 o 下由本基础荷载引起的 σ_z,基底中心点 o 可看成是由四个相等小

矩形Ⅰ($oabc$)的公共角点,其长度比 $l/b=2.5/2=1.25$,取深度 $z=0$、1m、2m、3m、4m、5m、6m、7m、8m、10m 各计算点,相应的 $z/b=0$、0.5、1、1.5、2、2.5、3、3.5、4、4.5、5,利用表 3-6 即可查得地基附加应力系数 α_c,α_z 的计算列于表 3-7,根据计算资料绘出 σ_z 分布图,如图 3-15 所示。

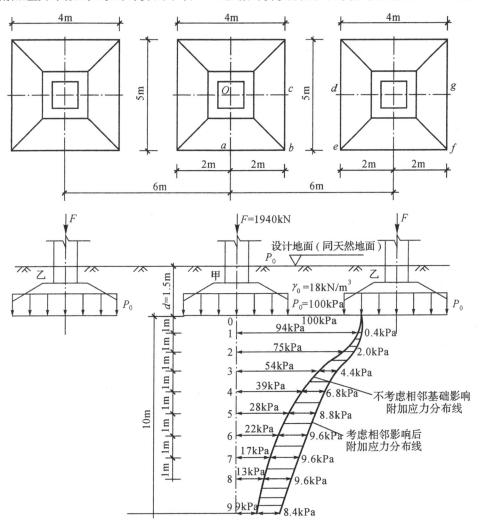

图 3-15　例题 3.3 附图

表 3-7　各点的附加应力系数

点	l/b	z/m	z/b	$\alpha_{cⅠ}$	$\sigma_z=4\alpha_{cⅠ}\,p_0$
0	1.25	0	0	0.250	100
1	1.25	1	0.5	0.235	94
2	1.25	2	1.0	0.187	75
3	1.25	3	1.5	0.135	54
4	1.25	4	2.0	0.097	39
5	1.25	5	2.5	0.071	28
6	1.25	6	3.0	0.053	22
7	1.25	7	3.5	0.042	17
8	1.25	8	3.0	0.032	13
9	1.25	10	3.5	0.022	9

(3)计算基础甲中心点 o 下由两相邻基础乙的荷载引起的 σ_z,此时中心点 o 可看成是由四个与Ⅰ($oafg$)相同的矩形和另四个与Ⅱ($oaed$)相同的矩形的公共角点,其长度比 l/b 分别为 $8/2.5=3.2$ 和 $4/2.5=1.6$。同样利用表 3-6 即可查得 $\sigma_{cⅠ}$ 和 $\sigma_{cⅡ}$,σ_z 的计算结果和分布见表 3-8 和图 3-14。

表 3-8 各点的附加应力

点	l/b		z/m	z/b	α_c		$\sigma_z=4(\alpha_{cⅠ}-\alpha_{cⅡ})p_0$(kPa)
	Ⅰ($oafg$)	Ⅱ($oaed$)			$\alpha_{cⅠ}$	$\alpha_{cⅡ}$	
0			0	0	0.250	0.250	$4\times(0.25-0.25)\times100=0$
1			1	0.4	0.244	0.243	$4\times(0.244-0.243)\times100=0.4$
2			2	0.8	0.220	0.215	$4\times(0.220-0.215)\times100=2.0$
3			3	1.2	0.187	0.176	4.4
4	$8/2.5=3.2$	$4/2.5=1.6$	4	1.6	0.157	0.140	6.8
5			5	2.0	0.132	0.110	8.8
6			6	2.4	0.112	0.088	9.6
7			7	2.8	0.095	0.071	9.6
8			8	3.2	0.082	0.058	9.6
9			10	4.0	0.061	0.040	8.4

2. 三角形分布的矩形荷载

在基础受偏心荷载作用的情况下,基底附加应力通常呈三角形分布。设竖向荷载沿矩形面积一边 b 方向上呈三角形分布(沿另一边 l 的荷载分布呈矩形),荷载的最大值为 p_0,取荷载零值边的角点 1 为坐标原点(如图 3-16 所示),则可将荷载面内某点 (x,y) 处所取微面积 $dxdy$ 上的分布荷载以集中力 $\dfrac{x}{b}p_0dxdy$ 代替。角点 1 下深度 z 处的 M 点由该集中力引起的附加应力 $d\sigma_z$,按式(3.4.1c)为

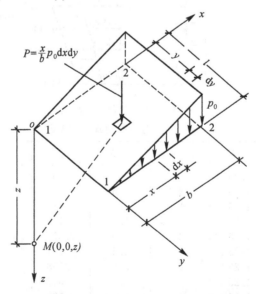

图 3-16 三角形分布矩形荷载角点下的附加应力

$$d\sigma_z = \frac{3}{2\pi} \cdot \frac{p_0 x z^3}{b(x^2 + y^2 + z^2)^{5/2}} dx dy \tag{3.4.10}$$

对整个矩形荷载面积进行积分后得角点 1 下任意深度 z 处的竖向附加应力 σ_z 为

$$\sigma_z = \alpha_{t1} p_0 \tag{3.4.11}$$

其中

$$\alpha_{t1} = \frac{mn}{2\pi} \left[\frac{1}{\sqrt{m^2 + n^2}} - \frac{n^2}{(1+n^2)\sqrt{1+n^2+m^2}} \right]$$

同理,还可求得荷载最大值边的角点 2 下任意深度 z 处的竖向附加应力 σ_z 为

$$\sigma_z = \alpha_{t2} p_0 \tag{3.4.12}$$

其中:α_{t1}、α_{t2}——$m = l/b$、$n = z/b$ 的函数,可由表 3-9 查得。必须注意 b 是沿三角形分布荷载方向的边长,与均布荷载不同。

应用上述均布和三角形分布的矩形荷载角点下的附加应力系数 α_c、α_{t1}、α_{t2},即可用角点法求算梯形分布时地基中任意点的竖向附加应力 σ_z。

3. 均布的圆形荷载

设圆形荷载面的半径为 r_0,作用于地基表面上的竖向均布荷载为 p_0,如以圆形荷载面的中心点为坐标原点 o(如图 3-17 所示),在荷载面积上取微面积 $dA = r d\theta dr$,以集中力 $p_0 dA$ 代替微面积上的分布荷载,则可运用式(3.4.1c)以积分法求得均布圆形荷载中点下任意深度 z 处 M 点的 σ_z 如下:

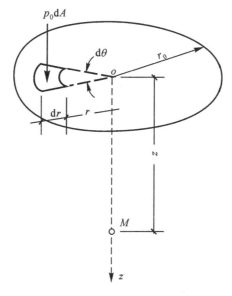

图 3-17　均布圆形荷载中点下附加应力

$$\sigma_z = \iint\limits_A d\sigma_z = \frac{3 p_0 z^3}{2\pi} \int_0^{2\pi} \int_0^{r_0} \frac{r d\theta dr}{(r^2 + z^2)^{\frac{5}{2}}} = p_0 \left[1 - \frac{z^3}{(r_0^2 + z^2)^{\frac{3}{2}}} \right]$$

$$= p_0 \left[1 - \frac{1}{(\frac{1}{z^2/r_0^2} + 1)^{\frac{3}{2}}} \right] = \alpha_r p_0 \tag{3.4.13}$$

式中:α_r 为均布的圆形荷载中心点下的附加应力系数,它是(z/r_0)的函数,由表 3-10 查得。

表 3-9　三角形分布的矩形荷载角点下的竖向附加应力系数 α_{t1} 和 α_{t2}

l/b	0.2		0.4		0.6		0.8		1.0	
点 z/b	1	2	l	2	1	2	1	2	1	2
0.0	0.0000	0.2500	0.0000	0.2500	0.0000	0.2500	0.0000	0.2500	0.0000	0.2500
0.2	0.0223	0.1821	0.0280	0.2115	0.0296	0.2165	0.0301	0.2178	0.0304	0.2182
0.4	0.0269	0.1094	0.0420	0.1604	0.0487	0.1781	0.0517	0.1844	0.0531	0.1870
0.6	0.0259	0.0700	0.0448	0.1165	0.0560	0.1405	0.0621	0.1520	0.0654	0.1575
0.8	0.0232	0.0480	0.0421	0.0853	0.0553	0.1093	0.0637	0.1232	0.0688	0.1311
1.0	0.0201	0.0346	0.0375	0.0638	0.0508	0.0852	0.0602	0.0996	0.0666	0.1086
1.2	0.0171	0.0260	0.0324	0.0491	0.0450	0.0673	0.0546	0.0807	0.0615	0.0901
1.4	0.0145	0.0202	0.0278	0.0386	0.0392	0.0540	0.0483	0.0661	0.0554	0.0751
1.6	0.0123	0.0160	0.0238	0.0310	0.0339	0.0440	0.0424	0.0547	0.0492	0.0628
1.8	0.0105	0.0130	0.0204	0.0254	0.0294	0.0363	0.0371	0.0457	0.0435	0.0534
2.0	0.0090	0.0108	0.0176	0.0211	0.0255	0.0304	0.0324	0.0387	0.0384	0.0456
2.5	0.0063	0.0072	0.0125	0.0140	0.0183	0.0205	0.0236	0.0265	0.0284	0.0318
3.0	0.0046	0.0051	0.0092	0.0100	0.0135	0.0148	0.0176	0.0192	0.0214	0.0233
5.0	0.0018	0.0019	0.0036	0.0038	0.0054	0.0056	0.0071	0.0074	0.0088	0.0091
7.0	0.0009	0.0010	0.0019	0.0019	0.0028	0.0029	0.0038	0.0038	0.0047	0.0047
10.0	0.0005	0.0004	0.0009	0.0010	0.0014	0.0014	0.0019	0.0019	0.0023	0.0024

l/b	1.2		1.4		1.6		1.8		2.0	
点 z/b	1	2	l	2	1	2	1	2	1	2
0.0	0.0000	0.2500	0.0000	0.2500	0.0000	0.2500	0.0000	0.2500	0.0000	0.2500
0.2	0.0305	0.2184	0.0305	0.2185	0.0306	0.2185	0.0306	0.2185	0.0306	0.2185
0.4	0.0539	0.1881	0.0543	0.1886	0.0545	0.1889	0.0546	0.1891	0.0547	0.1892
0.6	0.0673	0.1602	0.0684	0.1616	0.0690	0.1625	0.0694	0.1630	0.0696	0.1633
0.8	0.0720	0.1355	0.0739	0.1381	0.0751	0.1396	0.0759	0.1405	0.0764	0.1412
1.0	0.0708	0.1143	0.0735	0.1176	0.0753	0.1202	0.0766	0.1215	0.0774	0.1225
1.2	0.0664	0.0962	0.0698	0.1007	0.0721	0.1037	0.0738	0.1055	0.0749	0.1069
1.4	0.0606	0.0817	0.0644	0.0864	0.0672	0.0897	0.0692	0.0921	0.0707	0.0937
1.6	0.0545	0.0696	0.0586	0.0743	0.0616	0.0780	0.0639	0.0806	0.0656	0.0826
1.8	0.0487	0.0596	0.0528	0.0644	0.0560	0.0681	0.0585	0.0709	0.0604	0.0730
2.0	0.0434	0.0513	0.0474	0.0560	0.0507	0.0596	0.0533	0.0625	0.0553	0.0649
2.5	0.0326	0.0365	0.0362	0.0405	0.0393	0.0440	0.0419	0.0469	0.0440	0.0491
3.0	0.0249	0.0270	0.0280	0.0303	0.0307	0.0333	0.0331	0.0359	0.0352	0.0380
5.0	0.0104	0.0108	0.0120	0.0123	0.135	0.0139	0.0148	0.0154	0.0161	0.0167
7.0	0.0056	0.0056	0.0064	0.0066	0.0073	0.0074	0.0081	0.0083	0.0089	0.0091
10.0	0.0028	0.0028	0.0033	0.0032	0.0037	0.0037	0.0041	0.0042	0.0046	0.0046

续表

l/b	3.0		4.0		6.0		8.0		10.0	
点 z/b	1	2	l	2	1	2	1	2	1	2
0.0	0.0000	0.2500	0.0000	0.2500	0.0000	0.2500	0.0000	0.2500	0.0000	0.2500
0.2	0.0306	0.2186	0.0306	0.2186	0.0306	0.2186	0.0306	0.2186	0.0306	0.2186
0.4	0.0548	0.1894	0.0549	0.1894	0.0549	0.1894	0.0549	0.1894	0.0549	0.1894
0.6	0.0701	0.1638	0.0702	0.1639	0.0702	0.1640	0.0702	0.1640	0.0702	0.1640
0.8	0.0773	0.1423	0.0776	0.1424	0.0776	0.1426	0.0776	0.1426	0.0776	0.1426
1.0	0.0790	0.1244	0.0794	0.1248	0.0795	0.1250	0.0796	0.1250	0.0796	0.1250
1.2	0.0774	0.1096	0.0779	0.1103	0.0782	0.1105	0.0783	0.1105	0.0783	0.1105
1.4	0.0739	0.0973	0.0748	0.0982	0.0752	0.0986	0.0752	0.0987	0.0753	0.0987
1.6	0.069,	0.0870	0.0708	0.0882	0.0714	0.0887	0.0715	0.0888	0.0715	0.0889
1.8	0.0652	0.0782	0.0666	0.0797	0.0673	0.0805	0.0675	0.0806	0.0675	0.0808
2.0	0.0607	0.0707	0.0624	0.0726	0.0634	0.0734	0.0636	0.0736	0.0636	0.0738
2.5	0.0504	0.0559	0.0529	0.0585	0.0543	0.0601	0.0547	0.0604	0.0548	0.0605
3.0	0.0419	0.0451	0.0449	0.0482	0.0469	0.0504	0.0474	0.0509	0.0476	0.0511
5.0	0.0214	0.0221	0.0248	0.0256	0.0283	0.0290	0.0296	0.0303	0.0301	0.0309
7.0	0.0124	0.0126	0.0152	0.0154	0.0186	0.0190	0.0204	0.0207	0.0212	0.0216
10.0	0.0066	0.0066	0.0084	0.0083	0.0111	0.0111	0.0128	0.0130	0.0139	0.0141

表 3-10　均布的圆形荷载中心点下的附加应力系数

z/r_0	α_r	z/r_0	α_r	z/r_0	α_r	z/r_0	α_r	z/r_0	α_r	z/r_0	α_r
0.0	1.000	0.8	0.756	1.6	0.390	2.4	0.213	3.2	0.130	4.0	0.087
0.1	0.999	0.9	0.701	1.7	0.360	2.5	0.200	3.3	0.124	4.1	0.079
0.2	0.992	1.0	0.646	1.8	0.332	2.6	0.187	3.4	0.117	4.2	0.073
0.3	0.976	1.1	0.595	1.9	0.307	2.7	0.175	3.5	0.111	4.3	0.067
0.4	0.949	1.2	0.547	2.0	0.285	2.8	0.165	3.6	0.106	4.4	0.062
0.5	0.911	1.3	0.502	2.1	0.264	2.9	0.155	3.7	0.101	4.5	0.057
0.6	0.864	1.4	0.461	2.2	0.246	3.0	0.146	3.8	0.096	4.6	0.040
0.7	0.811	1.5	0.424	2.3	0.229	3.1	0.138	3.9	0.091	4.7	0.015

3.4.3　线荷载和条形荷载下的地基附加应力

设在地基表面上作用有无限长的条形基础,且荷载沿宽度可按任意形式分布,但沿长度方向不变,则此时地基中产生的应力状态属于平面问题。在工程建筑中,当然没有无限长的受荷面积,不过,当荷载面积的长宽比(l/b)大于 10 时,利用矩形荷载作用下计算的地基附加应力值与按无限长条形荷载作用时的解相比,误差很小。因此,对于条形基础,如墙基、挡土墙基础、路基、坝基等,均可按平面问题考虑。为了求解条形基础荷载下的地基附加应力,我们先来分析线荷载作用下的解答。

1. 线荷载

在半无限体表面上作用着均布线荷载 $p(\mathrm{kN/m})$,如图 3-18 所示。土中 M 点的竖向应力计算公式可由(3.4.1c)积分而得。

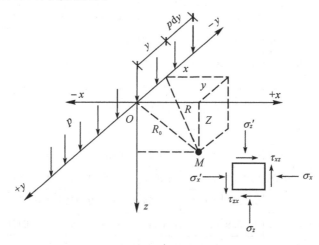

图 3-18 竖向均匀线荷载作用下应力状态

在 y 方向上取微段 $\mathrm{d}y$,则 $\mathrm{d}P = p\mathrm{d}y$,由 $\mathrm{d}P$ 引起的 M 点的附加应力为

$$\mathrm{d}\sigma_z = \frac{3z^3}{2\pi} \cdot \frac{p\mathrm{d}y}{(x^2+y^2+z^2)^{\frac{5}{2}}} \tag{3.4.14}$$

积分后即可得均布线荷载 p 所产生的 M 点竖向应力为

$$\sigma_z = \frac{3z^3}{2\pi}\int_{-\infty}^{+\infty} \frac{p\mathrm{d}y}{(x^2+y^2+z^2)^{\frac{5}{2}}} = \frac{2pz^3}{\pi R_0^4} \tag{3.4.15a}$$

同样,按弹性力学方法可以求得水平法向应力和切向应力为

$$\sigma_x = \frac{2px^2z}{\pi R_0^4} \tag{3.4.15b}$$

$$\tau_{xx} = \frac{2pxz^2}{\pi R_0^4} \tag{3.4.15c}$$

此问题的解答在 1892 年由费拉曼首先解出,故又称为费拉曼解。

2. 均布的条形荷载

当地基表面宽度为 b 的条形面积上作用着竖向均布荷载 p_0 时(如图 3-19 所示),地基中任意点 M 的附加应力 σ_z 可利用式(3.4.15a)积分的方法求得。首先在条形荷载的宽度方向上取微分宽度 $\mathrm{d}\xi$,将其上作用的荷载 $\mathrm{d}P = p_0\mathrm{d}\xi$ 视为线荷载,则 $\mathrm{d}P$ 在 M 点引起的竖向附加应力 $\mathrm{d}\sigma_z$ 为

$$\mathrm{d}\sigma_z = \frac{2z^3}{\pi}\frac{p_0\mathrm{d}\xi}{[(x-\xi)^2+z^2]^2} \tag{3.4.16}$$

将式(3.4.16)沿宽度 b 积分,即可得整个条形荷载在 M 点引起的附加应力 σ_z:

$$\sigma_z = \int_{-\frac{b}{2}}^{\frac{b}{2}} \frac{2z^3}{[(x-\xi)^2+z^2]^2\pi}p_0\mathrm{d}\xi$$

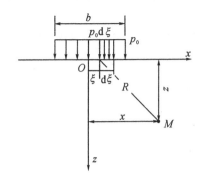

图 3-19 条形基础受竖向均布荷载作用下的地基中的附加应力

$$= \frac{p_0}{\pi}\left[\arctan\frac{1-2n}{2m}+\arctan\frac{1+2n}{2m}-\frac{4m(4n^2-4m^2-1)}{(4n^2+4m^2-1)^2+16m^2}\right] \quad (3.4.17)$$

可简化为

$$\sigma_z = \alpha_{sz}p_0 \quad (3.4.18)$$

条形荷载在地基内引起的水平应力 σ_x 和剪应力 τ_{xz} 也可以简化为

$$\sigma_x = \alpha_{sx}p_0 \quad (3.4.19)$$

$$\tau_{xz} = \alpha_{sxz}p_0 \quad (3.4.20)$$

其中

$$\alpha_{sz} = \frac{1}{\pi}\left[\arctan\frac{1-2n}{2m}+\arctan\frac{1+2n}{2m}-\frac{4m(4n^2-4m^2-1)}{(4n^2+4m^2-1)^2+16m^2}\right]$$

$$\alpha_{sx} = \frac{1}{\pi}\left[\arctan\frac{1-2n}{2m}+\arctan\frac{1+2n}{2m}+\frac{4m(4n^2-4m^2-1)}{(4n^2+4m^2-1)^2+16m^2}\right]$$

$$\alpha_{sxz} = \frac{1}{\pi}\frac{32m^2n}{(4n^2+4m^2-1)^2+16m^2}$$

$$m=\frac{z}{b}, \quad n=\frac{x}{b}$$

式中：α_{sz}、α_{sx}、α_{sxz}——竖向均布条形荷载作用时竖向附加应力系数、水平向应力系数、剪应力系数，可按 $n=\frac{x}{b}$，$m=\frac{z}{b}$ 的数值由表 3-11 查得，x 表示计算点距离条形荷载中心线的距离。

表 3-11 均布条形荷载下的附加应力系数

x/b ＼ z/b	0.00	0.25	0.50	0.75	1.00	1.25	1.50	1.75	2.00	3.00	4.00	5.00	6.00
0	1.00	0.96	0.82	0.67	0.55	0.46	0.40	0.35	0.31	0.21	0.16	0.13	0.11
0.25	1.00	0.90	0.74	0.61	0.51	0.44	0.38	0.34	0.31	0.21	0.16	0.13	0.10
0.50	0.50	0.50	0.48	0.45	0.41	0.37	0.33	0.30	0.28	0.20	0.15	0.12	0.10
1.00 α_{sz}	0.00	0.02	0.08	0.15	0.19	0.20	0.21	0.21	0.20	0.17	0.14	0.12	0.10
1.50	0.00	0.00	0.02	0.04	0.07	0.10	0.11	0.13	0.14	0.13	0.12	0.11	0.10
2.00	0.00	0.00	0.00	0.02	0.03	0.04	0.06	0.07	0.08	0.10	0.10	0.09	—

续表

x/b ＼ z/b		0.00	0.25	0.50	0.75	1.00	1.25	1.50	1.75	2.00	3.00	4.00	5.00	6.00
0		1.00	0.45	0.18	0.08	0.04	0.02	0.01	—	—	—	—	—	—
0.25		1.00	0.39	0.19	0.10	0.05	0.03	0.02	0.01	—	—	—	—	—
0.50	α_{sz}	0.50	0.35	0.23	0.14	0.09	0.06	0.04	0.03	0.02	0.01	—	—	—
1.00		0.00	0.17	0.21	0.22	0.15	0.11	0.08	0.06	0.05	0.02	0.01	—	—
1.50		0.00	0.07	0.12	0.14	0.14	0.12	0.10	0.09	0.07	0.03	0.02	—	—
2.00		0.00	0.04	0.07	0.10	0.13	0.11	0.10	0.09	0.08	0.04	0.03	—	—
0		0.00	0.00	0.00	0.00	0.00	0.00	0.00	0.00	0.00	0.00	0.00	0.00	0.00
0.25		0.00	0.13	0.16	0.13	0.10	0.07	0.05	0.04	0.03	0.02	0.01	—	—
0.50	α_{sxz}	0.32	0.30	0.26	0.20	0.16	0.12	0.10	0.08	0.06	0.03	0.02	—	—
1.00		0.00	0.05	0.13	0.16	0.16	0.14	0.13	0.11	0.10	0.06	0.03	—	—
1.50		0.00	0.01	0.04	0.07	0.10	0.10	0.10	0.10	0.10	0.07	0.05	—	—
2.00		0.00	0.00	0.02	0.04	0.05	0.07	0.07	0.08	0.08	0.07	0.05	—	—

例题 3.4 某条形基础底面宽度 $b=1.4m$，作用于基底的平均附加压力 $p_0=200kPa$，要求确定：(1)均布条形荷载中心点 o 下的地基附加应力 σ_z 分布；(2)深度 $z=1.4m$ 和 $2.8m$ 处水平面上的 σ_z 分布；(3)在均布条形荷载边缘以外 $1.4m$ 处 o_1 点下的 σ_z 分布。

解 (1)计算点在条形荷载中心，$x=0$，则 $x/b=0$。选取 $z/b=0.5$、1.0、1.5、2.0、3.0、4.0 等值反算出深度 $z=0.7m$、$1.4m$、$2.1m$、$2.8m$、$4.2m$、$5.6m$，查表 3-11 得竖向附加应力系数 α_{sz}，并计算 σ_z，计算过程列于表 3-12，σ_z 的分布图见 3-20。

(2)及(3)的 σ_z 的计算结果及分布图分别列于表 3-13、表 3-14 及图 3-20 中。

表 3-12

x/b	z/b	$z(m)$	α_{sz}	$\sigma_z=\alpha_{sz}p_0(kPa)$
0	0	0	1.00	$1.00\times200=200$
0	0.5	0.7	0.82	164
0	1.0	1.4	0.55	110
0	1.5	2.1	0.40	80
0	2.0	2.8	0.31	62
0	3.0	4.2	0.21	42
0	4.0	5.6	0.16	32

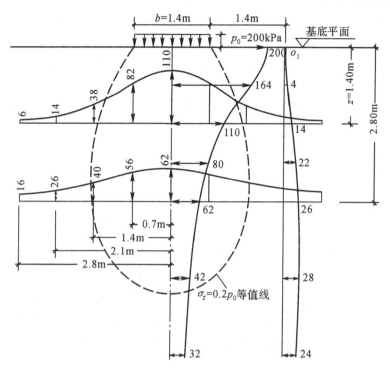

图 3-20　例题 3.4 附图

表 3-13

$z(m)$	z/b	x/b	α_{sz}	$\sigma_z = \alpha_{sz} p_0 \, (kPa)$
1.4	1.0	0	0.55	$0.55 \times 200 = 110$
		0.5	0.41	82
		1.0	0.19	38
		1.5	0.07	14
		2.0	0.03	6
2.8	2.0	0	0.31	62
		0.5	0.28	56
		1.0	0.20	40
		1.5	0.13	26
		2.0	0.08	16

表 3-14

$z(m)$	z/b	x/b	α_{sz}	$\sigma_z = \alpha_{sz} p_0 \, (kPa)$
0	0		0	$0 \times 200 = 0$
0.7	0.5		0.02	4
1.4	1.0		0.07	14
2.1	1.5	1.5	0.11	22
2.8	2.0		0.13	26
4.2	3.0		0.14	28
5.6	4.0		0.12	24

此外,在图 3-20 中还以虚线绘出 $\sigma_z=0.2$,$p_0=40\mathrm{kPa}$ 的等值线图。

从图 3-20 中,可见均布条形荷载下地基中附加应力 σ_z 的分布规律如下:

(1)σ_z 不仅发生在荷载面积之下,而且发生在荷载面积以外相当大范围之下,这就是所谓地基附加应力的扩散分布;

(2)在离基础底面不同深度(z)各个水平面上,σ_z 以基底中轴线处为最大,随距离中轴线愈远愈小;

(3)在荷载分布范围内,竖向沿垂线的 σ_z 值随深度愈向下愈小。

地基附加应力的分布规律还可以用上面已经使用过的"等值线"的方式完整地表示出来,如图 3-21 所示。

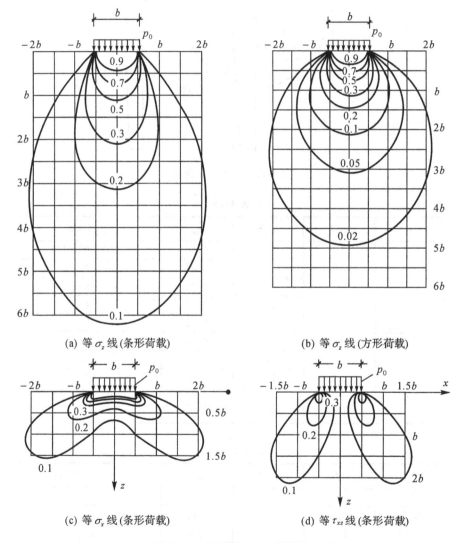

(a) 等 σ_z 线(条形荷载)　　　　　　　(b) 等 σ_z 线(方形荷载)

(c) 等 σ_x 线(条形荷载)　　　　　　　(d) 等 τ_{xz} 线(条形荷载)

图 3-21　地基附加应力等值线

由图 3-21(a)及(b)可见,方形荷载所引起的 σ_z,其影响深度要比条形荷载小得多,例如方形荷载中心下 $z=2b$ 处 $\sigma_z\approx0.1p_0$,而在条形荷载下 $\sigma_z=0.1p_0$ 等值线则约在基础中心下 $z\approx6b$ 处通过。由图 3-21(c)及(d)可见,条形荷载下的 σ_x 和 τ_{xz} 的等值线图所示,σ_x 的影响范围较浅,可见基础下地基土的侧向变形主要发生于浅层;而 τ_{xz} 的最大值出现于荷载边缘,所以位于基础边缘下的土容易出现塑性变形区而发生剪切滑动。

3.4.4　非均质和各向异性地基中的附加应力

在前面的计算分析中,均假设土体为均质、各向同性的线弹性体,并采用弹性力学公式计算地基中的附加应力。但是,实际工程的地基常由不同压缩性土质形成的成层地基,也有一些土层随深度变化土的变形模量明显增加,由于土层各向异性,附加应力的分布将会有所变化,计算中应考虑其影响。

1. 双层地基

(1)上软下硬土层。山区地基中,通常基岩埋藏较浅,其表层为覆盖的可压缩土层,呈现上软下硬的情况,如图 3-22(a)所示。

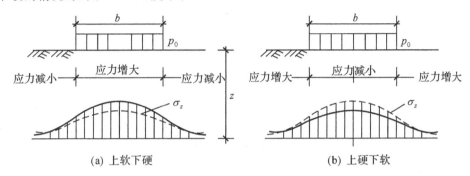

$$(a)\ 上软下硬 \qquad\qquad (b)\ 上硬下软$$

图 3-22　双层地基竖向应力分布的比较

(虚线表示均质地基中附加应力分布)

此时,土层中的附加应力比均质土(图中虚线)有所增加,即存在所谓的应力集中现象。岩层埋藏越浅,应力集中的影响越明显,当可压缩土层的厚度小于或等于荷载面积宽度的一半时,荷载面积下的 σ_z 几乎不扩散,即可认为中心点下的 σ_z 不随深度变化。

可见,应力集中与荷载面的宽度 b、压缩土层的厚度 h 以及界面上的摩擦力有关。叶果洛夫给出了竖向均布条形荷载下,上软下硬土层沿荷载面中轴线上各点的附加应力计算公式为

$$\sigma_z = \alpha_D p_0 \tag{3.4.21}$$

式中:α_D——附加应力系数,查表 3-15 可得。

(2)上硬下软情况。当土层出现上硬下软情况时,则往往出现应力扩散现象,图 3-22(b)说明硬土层覆盖于软土层上的情况,这时存在应力扩散现象。

表 3-15　附加应力系数 α_D

z/b	α_D		
	$h=0.5b$	$h=b$	$h=2.5b$
0	1.000	1.00	1.00
0.2	1.009	0.99	0.87
0.4	1.020	0.92	0.57
0.6	1.024	0.84	0.44
0.8	1.023	0.78	0.37
1.0	1.022	0.76	0.36

注:b 为荷载面的宽度,h 为压缩土层的厚度。

图 3-23 为荷载中轴线下附加应力分布比较,曲线 3 表示上硬下软情况,应力扩散现象发生后,使应力迅速减小;曲线 1 表示均质地基情况;曲线 2 则表示下硬上软地基情况。

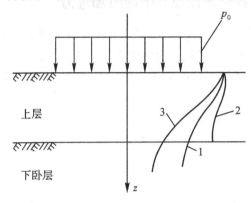

图 3-23 双层地基竖向应力分布的比较

(荷载中轴线下附加应力分布)

2. 变形模量随深度增大的地基

由于地基土层沉积的年代不同,各层土的应力值不同,因而各层土的变形模量也不同,有时会出现变形模量 E_0 随地基深度不同而不同的现象,这种现象在砂土中尤为显著。这时地基土与通常假定的均质地基(E_0 值不随深度变化)相比较,附加应力 σ_z 将会产生应力集中,这种现象从实验和理论上都得到了证实。

3. 各向异性地基

工程中的薄交互层地基就是典型的各向异性地基,天然沉积形成的水平薄交互层地基,其水平向变形模量 E_{0h} 常大于竖向变形模量 E_{0v},荷载中轴线下附加应力分布存在应力扩散现象。

考虑到这种层状构造特性与通常假定的均质各向同性地基有差别,沃尔夫于 1935 年在假定地基竖直和水平方向的泊松比相同、但变形模量不同的条件下,给出了均布线荷载下各向异性地基的附加应力 σ_z' 为

$$\sigma_z' = \sigma_z/m \tag{3.4.22}$$

其中 $m = \sqrt{E_{0h}/E_{0v}}$

式中:E_{0h}、E_{0v}——分别为土层水平和竖直方向的弹性模量;

σ_z——线荷载下,均质地基的附加应力,由式(3.4.15a)求得。

因此,当非均质地基的 $E_{0h} > E_{0v}$ 时,地基中将出现应力扩散现象,而当 $E_{0h} < E_{0v}$ 时,则出现应力集中现象。

思考题

3-1 土的自重应力分布有何特点?地下水位的升降对自重应力有何影响,如何计算?

3-2 如何计算基底压力和基底附加压力?两者概念有何不同?

3-3 柔性基础与刚性基础的基底压力分布是否相同并说明理由。

3-4 对于均布矩形荷载如何用角点法求其地基附加应力?

习 题

3-1 某建筑场地的地质剖面如图 3-24 所示,试计算各土层界面及地下水位面的自重应力,

并绘制自重应力曲线。

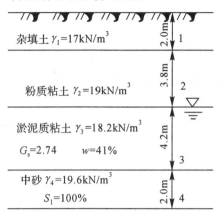
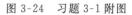

图 3-24　习题 3-1 附图

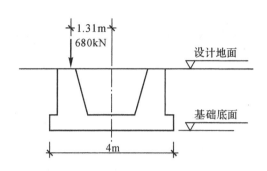

图 3-25　习题 3-2 附图

3-2　某构筑物基础如图 3-25 所示,在设计地面标高处作用有偏心荷载 680kN,偏心距 1.31m,基础埋深为 2m,底面尺寸为 4m×2m。试求基底平均压力 p 和边缘最大压力 $p_{\max}$,并绘出沿偏心方向的基底压力分布图。

3-3　某矩形基础(见图 3-26)的底面尺寸为 4m×2.4m,设计地面下埋深为 1.2m(高于天然地面0.2m),设计地面以上的荷载为 1200kN,基底标高处原有土的加权平均重度为 18kN/m³。试求基底水平面 1 点及 2 点下各 3.6m 深度 M_1 点及 M_2 点处的地基附加应力 σ_z 值。

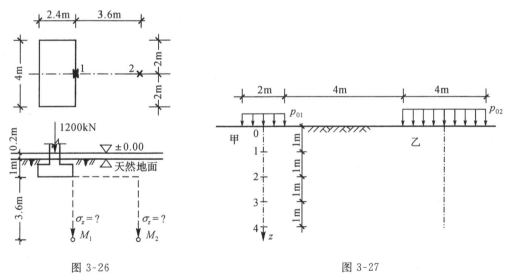

图 3-26　　　　　　　　　　　　　　　　　　图 3-27

3-4　图 3-27 所示甲、乙两条形基础,基底附加压力分别为 $p_{01}=100\mathrm{kPa}$,$p_{02}=200\mathrm{kPa}$,考虑乙基础的影响,求甲基础下图示各点的竖向附加应力。

第4章 土的压缩性和地基沉降计算

【学习要点】

1.掌握土的压缩性概念与压缩性指标的确定方法;

2.熟悉土的前期固结压力的确定方法;

3.掌握地基沉降计算的分层总和法和规范法;

4.掌握一维固结理论及工程运用;

5.了解沉降观测及后期沉降预测。

4.1 概　述

地基的沉降计算是土力学的重点内容之一,地基变形计算涉及土体内的应力分布、土的应力应变关系、变形参数的选取、建筑物上部结构与基础共同作用等问题。地基沉降其实就是地基土的压缩,虽说地基土产生压缩的原因较多,但可以归纳为内因与外因两大类。外因主要有:(1)建筑物荷载作用,这是普遍存在的因素;(2)地下水位大幅度下降,相当于施加大面积荷载;(3)施工影响,基槽持力层土的结构扰动;(4)振动影响,产生震沉;(5)温度变化影响,如冬季冻胀,春季融沉;(6)浸水下沉,如黄土湿陷,填土下沉。内因主要是土的三相压缩问题,包括:(1)固相矿物本身虽具压缩性,但由于压缩量极小,对建筑工程来说可以忽略;(2)土中液相水的压缩,在一般工程荷载(100~600kPa)作用下,水的压缩也很小,亦可忽略不计;(3)土中孔隙的压缩,土中水与气体在荷载作用下从孔隙中挤出,使土的孔隙减小,这就构成了土的压缩。上述诸多因素中,建筑物荷载作用是外因的主要因素,通过土中孔隙的压缩这一内因发生实际效果。

本章主要分析在建筑物荷载作用下地基的变形。这种变形既有竖直向的,也有水平向的。由于建筑物基础的沉降量与地基的竖直向变形量是一致的,因此通常所说的基础沉降量指的就是地基的竖直向变形量。实际工程中,根据建筑物的变形特征,将地基变形分为沉降量、沉降差、倾斜、局部倾斜等。不同类型的建筑物,对这些变形特征值都有不同的要求,其中沉降量是其他变形特征值的基本量。一旦沉降量确定之后,其他变形特征值便可求得。

地基的均匀沉降一般对建筑物危害较小,但均匀沉降过大,也会影响建筑物的正常使用,并使建筑物的高程降低。地基的不均匀沉降对建筑物的危害较大,较大的沉降差或倾斜可能导致建筑物的开裂或局部构件的断裂,危及建筑物的安全。地基变形计算的目的,在于确定建筑物可能出现的最大沉降量和沉降差,为建筑物设计或地基处理提供依据。

在工程计算中,首先关心的问题是建筑物的最终沉降量(或地基最终沉降量)。所谓地基最终沉降量是指在外荷载作用下地基土层被压缩达到稳定时基础底面中心的沉降量,简称地基变形量或沉降量。此外,地基的沉降是一个过程,完成沉降所需时间主要取决于土层的透水性和荷载的大小,深厚饱和软黏土上的建筑物的沉降往往需要几年、几十年或更长时间才能完成,这个过程又称为土体的固结。

在地基变形计算中,除了计算地基最终沉降量外,有时还需要知道地基沉降的过程,掌握沉降规律,即沉降与时间的关系,计算不同时间的沉降量。

地基产生变形是因为土体具有可压缩的性能,因此计算地基变形,首先要研究土的压缩性以及通过压缩试验确定沉降计算所需的压缩性指标。

4.2　土的压缩性和压缩性指标

土体的压缩与固结对土的工程性状有重要影响。例如,随着土体压密,土的渗透性减小;随着固结的发展,土体的有效应力不断增大,土的强度相应增加;土体的压缩导致的地基沉降,对上部结构的使用与安全造成影响。可见,研究土的压缩性具有重要的意义。

4.2.1　土的压缩试验与压缩曲线

1.土的压缩试验

为了解土的孔隙体积随压力变化的规律,可在室内用压缩仪进行压缩试验。土的压缩试验又称为固结试验,是研究土体压缩性的最基本的方法。固结试验是将原状土制备成一定规格的土样,置于压缩仪内(压缩仪的构造如图 4-1 所示),测定试样在侧限(侧向不能变形)与轴向排水条件下土的压缩变形与荷载之间的关系及变形与时间的关系。

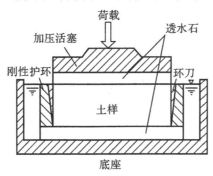

图 4-1　压缩仪示意图

试验时用金属环刀切取保持天然结构的原状土样,然后将切有土样的环刀置于圆筒形压缩容器的刚性护环中,土样上下各垫有一块透水石,土样受压后土中水可以自由排出,透水石是土样受压后排出孔隙水的两个界面。由于金属环刀及刚性护环的限制,使得土样在竖向压力作用下只能发生竖向变形,而无侧向变形。压缩过程中竖向压力通过刚性板施加给土样,土样在天然状态下或经人工饱和后,进行逐级加压固结,各级压力 p 作用下土样压缩稳定后的压缩量可通过百分表量测,根据土的三相指标的关系,可以导出试验过程孔隙比 e 与压缩量 ΔH 的关系,从而可绘制出土样压缩试验的 e-p 曲线及 e-$\lg p$ 曲线等。

土的压缩试验操作,见本书的配套试验教材《土力学试验指导》。

2. 土的压缩曲线

设土样的初始高度为 H_0，初始孔隙比为 e_0，固结仪容器断面积为 A，在荷载 p 作用下，土样稳定后的总压缩量为 ΔH，土粒体积 V_s 保持不变，根据土的孔隙比定义 $e=V_v/V_s$，若受压后土的孔隙比为 e，荷载作用下土样压缩稳定后的总压缩量 ΔH，利用受压前后土粒体积不变和土样横截面积不变的两个条件，则相应的孔隙比 e 的计算公式：

$$\frac{H_0}{1+e_0}=\frac{H}{1+e}=\frac{H_0-\Delta H}{1+e} \tag{4.2.1}$$

则

$$e=e_0-\frac{\Delta H}{H_0}(1+e_0) \tag{4.2.2}$$

式中：$e_0=\dfrac{G_s(1+w_0)}{\rho_0}\rho_w-1$，其中，$G_s$ 为土粒比重，w_0 为土样的初始含水量，ρ_0 为土样的初始密度（g/cm^3），ρ_w 为水的密度（g/cm^3）。

因此，根据式（4.2.2），只要测定土样在各级压力作用下的稳定压缩量 ΔH_i 值后，就可以按上式计算出相应的孔隙比 e_i，根据 p_i、e_i 值便可绘制压缩曲线，如图 4-2 所示。

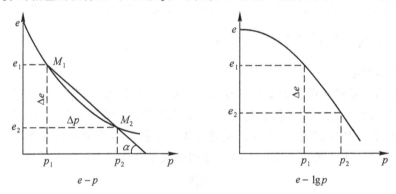

图 4-2　土的压缩曲线

当土体加压到某一荷载值（图 4-3 中曲线上的点）后不再加压，逐级进行卸载直至零，并且测得各卸载等级下土样回弹稳定后的高度，进而换算得到相应的孔隙比，即可绘制出卸载阶段的关系曲线，如图 4-3 中 bc 曲线所示，称为回弹曲线（或膨胀曲线）。从图 4-3 中还可以看到，回弹曲线不与初始的加载曲线 ab 重合，当卸载至零时，土样的孔隙比没有恢复到初始压力为零时的孔隙比 e_0。这就显示了土残留了一部分压缩变形，称之为残余变形（或称塑性变形），但也恢复了一部分压缩变形，称之为弹性变形。

若对土样重新逐级加压，则可测得土样在各级荷载作用下再压缩稳定后的孔隙比，相应地可绘制出再压缩曲线，如图 4-3 中 cdf 曲线所示。可以发现其中 df 段像是 ab 段的延续，犹如其间没有经过卸载和再加载的过程一样。

4.2.2　压缩性指标

根据上述固结压缩试验中获得的压缩曲线，可以求得各类压缩性指标。

1. 压缩系数

在图 4-2 所示压缩曲线 e-p 中，压力由 p_1 增至 p_2，相应的孔隙比由 e_1 减小到 e_2，当压力变化范围不大时，可将该压力范围的曲线用割线来代替，并用割线的斜率来表示土在这一

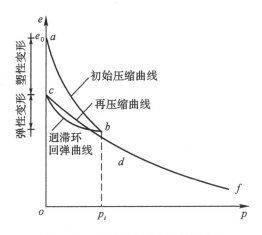

图 4-3　土的回弹曲线和再压缩曲线

段压力范围的压缩性,即

$$a = \tan\alpha = \frac{\Delta e}{\Delta p} = \frac{e_1 - e_2}{p_2 - p_1} \qquad (4.2.3)$$

式中:a 为土的压缩系数(MPa^{-1}),压缩系数愈大,土的压缩性愈高。

压缩系数 a 值与土所受的荷载大小有关。为了便于比较,工程上采用压力间隔 $p_1 =$ 100kPa 至 $p_2 = 200$kPa 时对应的压缩系数 α_{1-2} 来评价土的压缩性:

(1)$\alpha_{1-2} < 0.1$MPa^{-1} 时,低压缩性土;

(2)$0.1 \leqslant \alpha_{1-2} < 0.5$MPa^{-1} 时,中压缩性土;

(3)$\alpha_{1-2} \geqslant 0.5$MPa^{-1} 时,高压缩性土。

2. 压缩指数、回弹指数

当采用半对数的直角坐标来绘制固结试验 $e\text{-}p$ 关系时,得到图 4-2 中的 $e\text{-}\lg p$ 曲线。可以看到,在压力较大且过了某一转折点后,$e\text{-}\lg p$ 关系接近直线,这是这种表示方法区别于 $e\text{-}p$ 曲线的独特的优点。它通常用来整理有特殊要求的参数,如确定先期固结压力。

将图 4-2 中 $e\text{-}\lg p$ 曲线直线段的斜率用 C_c 来表示,称为压缩指数,无量纲,如下式所示:

$$C_c = \frac{e_1 - e_2}{\lg p_2 - \lg p_1} = \frac{e_1 - e_2}{\lg \dfrac{p_2}{p_1}} \qquad (4.2.4)$$

压缩指数 C_c 与压缩系数 a 不同,a 值随压力变化而变化,而 C_c 值在压力较大时为常数,C_c 不随压力变化而变化,值越大,土的压缩性则越高。

同样,回弹再压缩曲线也可绘制成 $e\text{-}\lg p$ 曲线(如图 4-4)。卸载段和再压缩段形成回环,其两端连线的平均斜率称为回弹指数或再压缩指数 C_e。

3. 压缩模量 E_s

由 $e\text{-}p$ 曲线还可以得到另一个重要的压缩性指标——压缩模量 E_s。其定义为土在完全侧限的条件下竖向应力增量 Δp(如从 p_1 增至 p_2)与相应的应变增量 $\Delta \varepsilon$ 的比值。

$$E_s = \frac{\Delta p}{\Delta \varepsilon} = \frac{\Delta p}{\Delta H / H_1} \qquad (4.2.5)$$

在无侧向变形即横截面积不变的情况下,同样根据土粒所占高度不变的条件,土样高度的变化 ΔH 可用相应的孔隙比的变化 $\Delta e = e_1 - e_2$ 来表示,因此可得

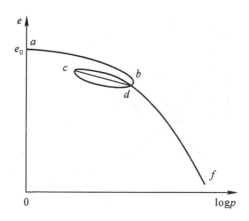

图 4-4　土的回弹及再压缩曲线

$$E_s = \frac{\Delta p}{\frac{\Delta H}{H_1}} = \frac{\Delta p}{\frac{\Delta e}{1+e_1}} = \frac{1+e_1}{a} \qquad\qquad (4.2.6)$$

同压缩系数 a 一样,压缩模量 E_s 也不是常数,而是随着压力的变化而变化。在工程上,一般采用压力间隔 $p_1 = 100\text{kPa}$ 至 $p_2 = 200\text{kPa}$ 时对应的压缩模量 E_{s1-2},也可根据实际竖向应力的大小,在压缩曲线上取相应的压力区间值计算压缩模量。根据 E_{s1-2} 的大小,也可将土的压缩性进行分类:

(1)高压缩性土:$E_{s1-2} < 4\text{MPa}$;

(2)中等压缩性土:$4\text{MPa} \leqslant E_{s1-2} < 15\text{MPa}$;

(3)低压缩性土:$E_{s1-2} \geqslant 15\text{MPa}$。

4. 土的变形模量 E_0

土体在无侧向约束条件下,竖向应力与竖向应变的比值,称为变形模量,其中竖向应变包括弹性应变和塑性应变两部分。变形模量可以由现场载荷试验或旁压试验测定。现场载荷试验是在工程现场通过千斤顶逐级对置于地基土上的载荷板施加荷载,观测记录沉降随时间的发展以及稳定时的沉降量 s,从而确定地基土承载力和变形模量等指标。将上述试验得到的各级荷载与相应的稳定沉降量绘制成 $p\text{-}s$ 曲线,如图 4-5 所示。

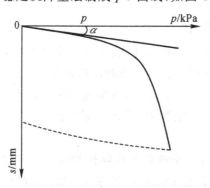

图 4-5　载荷试验 $p\text{-}s$ 曲线示意

在 $p\text{-}s$ 曲线中,当荷载 p 小于比例界限(或临塑荷载)时,土处于弹性压密变形阶段,荷载 p 与载荷板沉降 s 之间基本呈直线关系。因而可以利用弹性力学公式(3.4.3c),来求地基土的变形模量,其计算公式如下:

$$E_0 = \omega(1-v^2)\frac{p_0 b}{s} \qquad (4.2.7)$$

式中：p_0 为直线段的荷载强度，kPa；s 为相应于 p_0 的载荷板下沉量；b 为载荷板的宽度或直径；μ 为土的泊松比，砂土可取 0.20～0.25，黏性土可取 0.25～0.45；ω 为沉降影响系数，对刚性载荷板取 $\omega=0.88$（方形板）；$\omega=0.79$（圆形板）。

变形模量与压缩模量之间有如下关系：

$$E_0 = \beta E_s = \left(1-\frac{2v^2}{1-v}\right)E_s \qquad (4.2.8)$$

4.2.3　前期固结压力及确定

1. 土的前期固结压力及固结状态

土层历史上所曾经承受过的最大固结压力称为前期固结压力，也就是地质历史上土体在固结过程中所受的最大有效应力，用 p_c 来表示。前期固结压力是一个非常有用的概念和物理量，是了解土层应力历史的重要指标，土层的应力历史对土层压缩性有一定影响。采用超固结比 $OCR = p_c/p_0$（其中 p_0 为土层自重应力）可以判断土层的天然固结状态：

（1）$OCR=1$，表明前期固结压力 p_c 等于土层的自重应力 p_0，土自重应力就是该土层历史上受过的最大的有效应力，这种土称为正常固结土。

（2）$OCR>1$，表明前期固结压力 p_c 大于土层的自重应力 p_0，即该土层历史上受过的最大的有效应力大于土自重应力，这种土称为超固结土，如覆盖的土层由于被剥蚀等原因，使得原来长期存在于土层中的竖向有效应力减少了。

（3）$OCR<1$，表明土层的前期固结压力 p_c 小于土层的自重应力 p_0，即该土层在自重作用下的固结尚未完成，这种土称为欠固结土，如新近沉积黏性土、人工填土等，由于沉积的时间短，在自重作用下还没有完全固结。

2. 固结压力确定

室内大量试验资料证明，室内压缩曲线 e-$\lg p$ 开始段弯曲平缓，随着压力增大明显下弯，当压力接近 p_c 时，曲线急剧变陡，并随压力的增长近似直线向下延伸。确定 p_c 的常用方法是卡萨格兰德提出的经验作图法（如图 4-6 所示），其步骤如下：

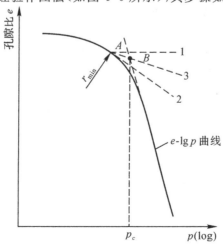

图 4-6　由曲线确定前期固结压力示意图

(1)从室内 e-$\lg p$ 压缩曲线上找出曲率最大点 A 点;

(2)过 A 点作水平线 $A1$,和切线 $A2$;

(3)作水平线 $A1$ 与切线 $A2$ 所夹角的平分线 $A3$;

(4)由 e-$\lg p$ 曲线直线段向上延长交 $A3$ 于 B 点,则 B 点的横坐标即为前期固结应力 p_c。

由室内压缩曲线加以修正,可以推求现场压缩曲线。

室内压缩试验的结果发现,无论试样扰动如何,当压力增大时,曲线都近于直线段,且大都经过 $0.42e_0$ 点(e_0 为试样的原始孔隙比)。

由现场取样时确定试样的原始孔隙比 e_0 及固结应力(即有效覆盖应力),由室内压缩曲线求出土层的 p_c,按图 4-7 所示方法判断:

当 $p_0 = p_c$ 时(正常固结土):

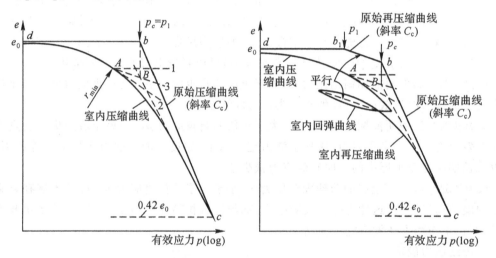

图 4-7 由室内压缩曲线推求现场压缩曲线示意图

(1)作 $e = e_0$ 水平线交 $\lg p = \lg p_c$ 线于 b 点,b 点坐标为 (p_c, e_0);

(2)作 $e = 0.42e_0$ 水平线交室内压缩曲线直线段于 c 点;

(3)连接 bc 直线段,即为现场压缩曲线;bc 直线段的斜率称为压缩指数 C_c。

当 $p_0 < p_c$ 时(超固结土):

在取样前已产生了回弹如沉积剥蚀等,在建筑物荷载作用下,应属于再压缩过程。

(1)作 $e = e_0$ 平行线交 $\lg p = \lg p_0$ 线于 b_1 点,b_1 点坐标为 (p_0, e_0)。

(2)自 b_1 点作平行于室内试验滞回圈连线的平行线交 $\lg p = \lg p_c$ 线于 b 点。

(3)作 $e = 0.42e_0$ 平行线交室内压缩曲线直线段于 c 点。

(4)现场压缩曲线就是由 $b_1 b$ 段和 bc 段直线所组成。相应于 $b_1 b$ 段、bc 段直线的斜率分别用 C_s、C_c 表示。

当 $p_0 > p_c$ 时(欠固结土):

欠固结土现场压缩曲线的推求方法类似于正常固结土。

4.3 地基沉降量计算

地基沉降量计算通常指地基最终沉降量,即地基土在建筑物荷载作用下,变形完全稳定时基底中点处的最大竖向位移。地基最终沉降的计算方法很多,本书仅介绍分层总和法和《建筑地基基础设计规范》(GB 50007—2002)推荐的方法(简称规范法)。

4.3.1　分层总和法

分层总和法是以无侧向变形条件下的压缩量公式为基础,将地基在变形计算深度范围内划分为若干薄层,计算每一薄层土的变形量,然后叠加,得到最终的地基沉降量。

本法的基本假设为:

(1)土的压缩是孔隙体积减少的结果,固体颗粒及孔隙中的水不可压缩;

(2)土体仅产生竖向压缩,而无侧向变形;

(3)在分层厚度范围内,压力是均匀分布的。

假定第 i 层土柱在 p_1 作用下,压缩稳定后的孔隙比为 e_{1i},土柱高度为 h_i。当压力增加到 p_2 作用下,压缩稳定后的孔隙比为 e_{2i}(如图 4-8 所示),土柱变形量 Δs_i 按式(4.3.1)确定:

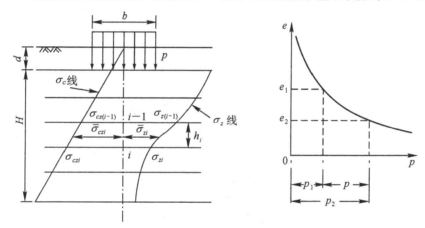

图 4-8　分层总和法计算地基沉降

$$\Delta s_i = \frac{e_{1i} - e_{2i}}{1 + e_{1i}} h_i \tag{4.3.1}$$

每一土层的变形量均按上式计算,叠加后得到地基的最终沉降量为

$$s = \Delta s_1 + \Delta s_2 + \cdots + \Delta s_n = \sum_{i=1}^{n} s_i = \sum_{i=1}^{n} \frac{e_{1i} - e_{2i}}{1 + e_{1i}} h_i \tag{4.3.2}$$

式中:n 为地基沉降计算范围内的土层数。

将式(4.3.1)代入可得

$$s = \sum_{i=1}^{n} \frac{a_i(p_{2i} - p_{1i})}{1 + e_{1i}} h_i = \sum_{i=1}^{n} \frac{p_{2i} - p_{1i}}{E_{si}} h_i \tag{4.3.3}$$

或

$$s = \sum_{i=1}^{n} \frac{\overline{\sigma_{zi}}}{E_{si}} h_i \tag{4.3.4}$$

式中:p_{1i} 为作用在第 i 层上的平均自重应力 $\overline{\sigma_{czi}}$;p_{2i} 为作用在第 i 层上的平均自重应力 $\overline{\sigma_{czi}}$ 与平均附加应力 $\overline{\sigma_{zi}}$ 之和;E_{si} 为第 i 层土的压缩模量。

式(4.3.2)和式(4.3.4)是分层总和法计算沉降量的两个不同形式的表达式。

理论上讲,地基沉降的影响深度很大,但实际上因附加应力传递时随深度而减小,传递到某一深度后,所引起的变形可忽略不计。一般首先确定地基沉降计算深度 z_n,然后计算 z_n 范围内的变形量。

综上所述,分层总和法的计算步骤如下:

(1)按作用在基础上的荷载的性质(中心、偏心或倾斜等情况)求出基底压力的大小和分布。

(2)将地基分层:在分层时天然土层的交界面和地下水位应为分层面,同时在同一类土层中分层的厚度不宜过大。分层厚度 h 小于 $0.4b$;或 $h=2\sim4m$。对每一分层,可认为荷载是均匀分布的。

(3)计算基础中心轴线上各分层界面上的自重应力和附加应力,并按同一比例绘出自重应力和附加应力分布图。

应当注意:当基础有埋置深度 d 时,应采用基底净压力 p_0 计算地基中的附加应力(从基底算起)。

(4)按算术平均计算出各分层的平均自重应力$\overline{\sigma_{czi}}$和平均附加应力$\overline{\sigma_{zi}}$:

$$\overline{\sigma_{czi}}=\frac{\sigma_{czi}+\sigma_{cz(i-1)}}{2} \tag{4.3.5}$$

$$\overline{\sigma_{zi}}=\frac{\sigma_{zi}+\sigma_{z(i-1)}}{2} \tag{4.3.6}$$

(5)确定压缩层厚度。实践经验表明沉降计算深度 Z_n 应满足:$\sigma_{zn}/\sigma_{czn}\leqslant0.2$,当存在软弱土层时,$\sigma_{zn}/\sigma_{czn}\leqslant0.1$。

(6)根据第 i 分层的初始应力 $p_{1i}=\overline{\sigma_{czi}}$ 和初始应力与附加应力之和 $p_{2i}=\overline{\sigma_{czi}}+\overline{\sigma_{zi}}$,由压缩曲线查出相应的初始孔隙比 e_{1i} 和压缩稳定后的孔隙比 e_{2i}。

(7)按式(4.3.1)求出第 i 分层的压缩量 Δs_i。

(8)最后加以总和,即得基础的沉降量。

分层总和法的优点是,可适用于各种成层土和各种荷载的沉降量计算,压缩指标 a,E_s 等易确定。缺点是作了许多假设,与实际情况不完全相符。利用该法计算沉降量,对坚硬地基,其结果偏大,对软弱地基,其结果偏小。

例题 4.1 已知柱下单独方形基础,基础底面尺寸为 $2.5m\times2.5m$,埋深 $2m$,作用于基础上(设计地面标高处)的轴向荷载 $F=1250kN$,有关地基勘察资料与基础剖面详见图 4-9 所示。试用分层总和法计算基础中点最终沉降量。

解 按分层总和法计算:

(1)计算地基土的自重应力

当$h=2m$,$\sigma_{cz0}=19.5\times2=39$ (kPa)

$h=3m$,$\sigma_{cz1}=39+19.5\times1=58.5$ (kPa)

$h=4m$,$\sigma_{cz2}=58.5+20\times1=78.5$ (kPa)

$h=5m$,$\sigma_{cz3}=78.5+20\times1=98.5$ (kPa)

$h=6m$,$\sigma_{cz4}=98.5+(20-10)\times1=108.5$ (kPa)

$h=7m$,$\sigma_{cz5}=108.5+(20-10)\times1=118.5$ (kPa)

$h=8m$,$\sigma_{cz6}=118.5+18.5\times1=137$ (kPa)

$h=9m$,$\sigma_{cz7}=137+18.5\times1=155.5$ (kPa)

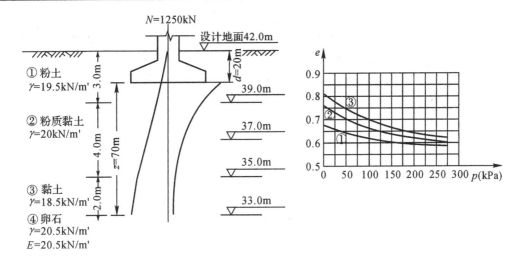

图 4-9　例题 4.1 附图

（2）基底压力计算。

基础底面以上，基础与回填土的平均重度 $\gamma_G = 20.0 \ \text{kN/m}^3$

$$p = \frac{F+G}{A} = \frac{1250 + 2.5 \times 2.5 \times 2 \times 20.0}{2.5 \times 2.5} = 240 \ (\text{kPa})$$

（3）基底附加压力计算。

$$p_0 = p - \gamma d = 240 - 19.5 \times 2.0 = 201 \ (\text{kPa})$$

（4）基础中点下地基中竖向附加应力计算。

用角点法计算，将基础四等份，此时 $l = 1.25 \text{m}$，$b = 1.25 \text{m}$，$l/b = 1$，$\sigma_{zi} = 4\alpha_{ci} \cdot p_0$，查附加应力系数表 3-6 得 α_c。

（5）确定沉降计算深度 z_n。

考虑第③层土压缩性比第②层土大，经计算后确定 $z_n = 7 \text{m}$，见表 4-1。

表 4-1

z(m)	z/b	α_c	σ_z (kPa)	σ_{cz} (kPa)	σ_z/σ_{cz} (%)	z_n(m)
0	0	0.250	201.0	39		
1	0.8	0.200	160.8	58.5		
2	1.6	0.112	90.1	78.5		
3	2.4	0.064	51.5	98.8		
4	3.2	0.040	32.2	108.5	29.7	
5	4.0	0.027	21.7	118.5	18.3	
6	4.8	0.019	15.3	137	11.2	
7	5.6	0.015	12.1	155.5	7.8	按7m计

（6）计算基础中点最终沉降量。利用勘察资料中的 e-p 曲线，求 a_i 及 E_i，按分层总和法公式计算结果见表 4-2。应该注意，e_1 是自重应力对应时的孔隙比，e_2 是自重应力加上附加应力对应时的孔隙比，由图 4-9 中压缩曲线查得。

表 4-2

z (m)	σ_{cz} (kPa)	σ_z (kPa)	H (cm)	自重应力平均值 $\overline{\sigma_{cz}}$ (kPa)	附加应力平均值 $\overline{\sigma_z}$ (kPa)	$\overline{\sigma_{cz}}+\overline{\sigma_z}$	e_1	e_2	$a=\dfrac{e_1-e_2}{\overline{\sigma_z}}$ (kPa^{-1})	$E_s=\dfrac{1+e_1}{a}$ (kPa)	$s_i=\dfrac{\overline{\sigma_{zi}}}{E_{si}}H_i$ (cm)	$s=\sum s_i$ (cm)
0	39.0	201.0	100	48.8	180.9	229.7	0.71	0.64	0.000387	4418	4.09	
1	58.5	160.8	100	68.5	125.5	194.0	0.64	0.61	0.000239	6861	1.83	5.92
2	78.5	90.1	100	88.5	70.8	159.3	0.635	0.62	0.000211	7749	0.92	6.84
3	98.5	51.5	100	103.5	41.9	145.4	0.63	0.62	0.000238	6848	0.61	7.45
4	108.5	32.2	100	113.5	27.0	140.5	0.63	0.62	0.000371	4393	0.61	8.06
5	118.5	21.7	100	127.8	18.5	146.3	0.69	0.68	0.000537	3147	0.59	8.65
6	137.0	15.3	100	146.3	13.7	160.0	0.68	0.67	0.000729	2304	0.59	9.24
7	155.5	12.1										

4.3.2　规范推荐方法

《建筑地基基础设计规范》(GB 50007—2002)(以下简称《规范》)提出的计算最终沉降量的方法,是基于分层总和法的思想,运用平均附加应力面积的概念,按天然土层界面以简化由于分层过多引起的繁琐计算,并结合大量工程实际中沉降量观测的统计分析,以经验系数 ψ_s 进行修正,求得地基的最终变形量(如图 4-9 所示)。

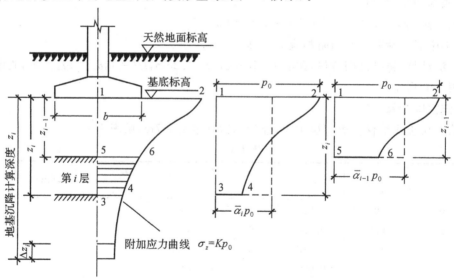

图 4-9　规范法中平均附加应力系数的物理意义

1. 计算原理

由公式(4.3.4),分层总和法计算第 i 层土的变形量为

$$s_i' = \frac{\overline{\sigma_{zi}} \cdot h_i}{E_{si}} \tag{4.3.7}$$

上式的分子 $\overline{\sigma_{zi}} \cdot h_i$ 等于第 i 层的附加应力面积 A_{3456}(如图 4-9 所示),由图可见:

$$A_{3456} = A_{1234} - A_{1256} \tag{4.3.8}$$

其中:

$$A_{1234} = \int_0^{z_i} \sigma_z \mathrm{d}z = \overline{\sigma_i} \cdot z_i , \quad A_{1256} = \int_0^{z_{i-1}} \sigma_z \mathrm{d}z = \overline{\sigma_{i-1}} \cdot z_{i-1}$$

故

$$s_i' = \frac{\overline{\sigma_i} \cdot z_i - \overline{\sigma_{i-1}} \cdot z_{i-1}}{E_{si}} \tag{4.3.9}$$

式中: $\overline{\sigma_i}$——深度 z_i 范围的平均附加应力;

$\quad\quad \overline{\sigma_{i-1}}$——深度 z_{i-1} 范围的平均附加应力。

引入平均附加应力系数:

$$\overline{\alpha_i} = \overline{\sigma_i}/p_0 , \quad \overline{\alpha_{i-1}} = \overline{\sigma_{i-1}}/p_0 \tag{4.3.10}$$

代入式(4.3.9),得到成层地基中第 i 分层变形量:

$$s_i' = \frac{1}{E_{si}}(p_0 \overline{\alpha_i} z_i - p_0 \overline{\alpha_{i-1}} z_{i-1}) = \frac{p_0}{E_{si}}(z_i \overline{\alpha_i} - z_{i-1} \overline{\alpha_{i-1}}) \tag{4.3.11}$$

《规范》规定,按上式进行累加所得的总变形量应乘以经验系数 ψ_s,于是地基总沉降量为

$$s = \psi_s s' = \psi_s \sum_{i=1}^{n}(z_i \overline{\alpha_i} - z_{i-1} \overline{\alpha_{i-1}}) \frac{p_0}{E_{si}} \tag{4.3.12}$$

式中: s——修正后的地基最终沉降量, mm;

$\quad\quad s'$——计算地基沉降量, mm;

$\quad\quad \psi_s$——沉降计算经验系数;

$\quad\quad n$——地基变形计算深度范围内天然土层数;

$\quad\quad p_0$——基底附加压力, kPa;

$\quad\quad E_{si}$——基底以下第 i 层土的压缩模量,按第 i 层实际应力变化范围取值, MPa;

$\quad\quad z_i, z_{i-1}$——分别为基础底面至第 i 层土、第 $i-1$ 层土底面的距离, m;

$\quad\quad a_i, a_{i-1}$——分别为基础底面计算点至第 i 层土、第 $i-1$ 层土底面范围内平均附加应力系数。对于矩形基础作用均布荷载时,角点以下的平均附加应力系数为 $l/b, z/b$ 的函数,可查表 4-3。

表 4-3　矩形面积上均布荷载作用下角点的平均附加应力系数 $\overline{\alpha}$

l/b z/b	1.0	1.2	1.4	1.6	1.8	2.0	2.4	2.8	3.2	3.6	4.0	5.0	10.0
0.0	0.2500	0.2500	0.2500	0.2500	0.2500	0.2500	0.2500	0.2500	0.2500	0.2500	0.2500	0.2500	0.2500
0.2	0.2496	0.2497	0.2497	0.2498	0.2498	0.2498	0.2498	0.2498	0.2498	0.2498	0.2498	0.2498	0.2498
0.4	0.2474	0.2479	0.2481	0.2483	0.2483	0.2484	0.2485	0.2485	0.2485	0.2485	0.2485	0.2485	0.2485
0.6	0.2423	0.2437	0.2444	0.2448	0.2451	0.2452	0.2454	0.2455	0.2455	0.2455	0.2455	0.2455	0.2456
0.8	0.2346	0.2372	0.2387	0.2395	0.2400	0.2403	0.2407	0.2408	0.2409	0.2409	0.2410	0.2410	0.2410
1.0	0.2252	0.2291	0.2313	0.2326	0.2335	0.2340	0.2346	0.2349	0.2351	0.2352	0.2352	0.2353	0.2353
1.2	0.2149	0.2199	0.2229	0.2248	0.2260	0.2268	0.2278	0.2282	0.2285	0.2286	0.2287	0.2288	0.2289
1.4	0.2043	0.2102	0.2140	0.2164	0.2180	0.2191	0.2204	0.2211	0.2215	0.2217	0.2218	0.2220	0.2221
1.6	0.1939	0.2006	0.2049	0.2079	0.2099	0.2113	0.2130	0.2138	0.2143	0.2146	0.2148	0.2150	0.2152
1.8	0.1840	0.1912	0.1960	0.1994	0.2018	0.2034	0.2055	0.2066	0.2073	0.2077	0.2079	0.2082	0.2084
2.0	0.1746	0.1822	0.1875	0.1912	0.1938	0.1958	0.1982	0.1996	0.2004	0.2009	0.2012	0.2015	0.2018
2.2	0.1659	0.1737	0.1793	0.1833	0.1862	0.1883	0.1911	0.1927	0.1937	0.1943	0.1947	0.1952	0.1955
2.4	0.1578	0.1657	0.1715	0.1757	0.1789	0.1812	0.1843	0.1862	0.1873	0.1880	0.1885	0.1890	0.1895

续表

l/b z/b	1.0	1.2	1.4	1.6	1.8	2.0	2.4	2.8	3.2	3.6	4.0	5.0	10.0
2.6	0.1503	0.1583	0.1642	0.1686	0.1719	0.1745	0.1779	0.1799	0.1812	0.1820	0.1825	0.1832	0.1838
2.8	0.1433	0.1514	0.1574	0.1619	0.1654	0.1680	0.1717	0.1739	0.1753	0.1763	0.1769	0.1777	0.1784
3.0	0.1369	0.1449	0.1510	0.1556	0.1592	0.1619	0.1658	0.1682	0.1698	0.1708	0.1715	0.1725	0.1733
3.2	0.1310	0.1390	0.1450	0.1497	0.1533	0.1562	0.1602	0.1628	0.1645	0.1657	0.1664	0.1675	0.1685
3.4	0.1256	0.1334	0.1394	0.1441	0.1478	0.1508	0.1550	0.1577	0.1595	0.1607	0.1616	0.1628	0.1639
3.6	0.1205	0.1282	0.1342	0.1389	0.1427	0.1456	0.1500	0.1528	0.1548	0.1561	0.1570	0.1583	0.1595
3.8	0.1158	0.1234	0.1293	0.1340	0.1378	0.1408	0.1452	0.1482	0.1502	0.1516	0.1526	0.1541	0.1554
4.0	0.1114	0.1189	0.1248	0.1294	0.1332	0.1362	0.1408	0.1438	0.1459	0.1474	0.1485	0.1500	0.1516
4.2	0.1073	0.1147	0.1205	0.1251	0.1289	0.1319	0.1365	0.1396	0.1418	0.1434	0.1445	0.1462	0.1479
4.4	0.1035	0.1107	0.1164	0.1210	0.1248	0.1279	0.1325	0.1357	0.1379	0.1396	0.1407	0.1425	0.1444
4.6	0.1000	0.1070	0.1127	0.1172	0.1209	0.1240	0.1287	0.1319	0.1342	0.1359	0.1371	0.1390	0.1410
4.8	0.0967	0.1036	0.1091	0.1136	0.1173	0.1204	0.1250	0.1283	0.1307	0.1324	0.1337	0.1357	0.1379
5.0	0.0935	0.1003	0.1057	0.1102	0.1139	0.1169	0.1216	0.1249	0.1273	0.1291	0.1304	0.1325	0.1348
5.2	0.0906	0.0972	0.1026	0.1070	0.1106	0.1136	0.1183	0.1217	0.1241	0.1259	0.1273	0.1295	0.1320
5.4	0.0878	0.0943	0.0996	0.1039	0.1075	0.1105	0.1152	0.1186	0.1211	0.1229	0.1243	0.1265	0.1292
5.6	0.0852	0.0916	0.0968	0.1010	0.1046	0.1076	0.1122	0.1156	0.1181	0.1200	0.1215	0.1238	0.1266
5.8	0.0828	0.0890	0.0941	0.0983	0.1018	0.1047	0.1094	0.1128	0.1153	0.1172	0.1187	0.1211	0.1240
6.0	0.0805	0.0866	0.0916	0.0957	0.0991	0.1021	0.1067	0.1101	0.1126	0.1146	0.1161	0.1185	0.1216
6.2	0.0783	0.0842	0.0891	0.0932	0.0966	0.0995	0.1041	0.1075	0.1101	0.1120	0.1136	0.1161	0.1193
6.4	0.0762	0.0820	0.0869	0.0909	0.0942	0.0971	0.1016	0.1050	0.1076	0.1096	0.1111	0.1137	0.1171
6.6	0.0742	0.0799	0.0847	0.0886	0.0919	0.0948	0.0993	0.1027	0.1053	0.1073	0.1088	0.1114	0.1149
6.8	0.0723	0.0779	0.0826	0.0865	0.0898	0.0926	0.0970	0.1004	0.1030	0.1050	0.1066	0.1092	0.1129
7.0	0.0705	0.0761	0.0806	0.0844	0.0877	0.0904	0.0949	0.0982	0.1008	0.1028	0.1044	0.1071	0.1109
7.2	0.0688	0.0742	0.0787	0.0825	0.0857	0.0884	0.0928	0.0962	0.0987	0.1008	0.1023	0.1051	0.1090
7.4	0.0672	0.0725	0.0769	0.0806	0.0838	0.0865	0.0908	0.0942	0.0967	0.0988	0.1004	0.1031	0.1071
7.6	0.0656	0.0709	0.0752	0.0789	0.0820	0.0846	0.0889	0.0922	0.0948	0.0968	0.0984	0.1012	0.1054
7.8	0.0642	0.0693	0.0736	0.0771	0.0802	0.0828	0.0871	0.0904	0.0929	0.0950	0.0966	0.0994	0.1036
8.0	0.0627	0.0678	0.0720	0.0755	0.0785	0.0811	0.0853	0.0886	0.0912	0.0932	0.0948	0.0976	0.1020
8.2	0.0614	0.0663	0.0705	0.0739	0.0769	0.0795	0.0837	0.0869	0.0894	0.0914	0.0931	0.0959	0.1004
8.4	0.0601	0.0649	0.0690	0.0724	0.0754	0.0779	0.0820	0.0852	0.0878	0.0893	0.0914	0.0943	0.0938
8.6	0.0588	0.0636	0.0676	0.0710	0.0739	0.0764	0.0805	0.0836	0.0862	0.0882	0.0898	0.0927	0.0973
8.8	0.0576	0.0623	0.0663	0.0696	0.0724	0.0749	0.0790	0.0821	0.0846	0.0866	0.0882	0.0912	0.0959
9.2	0.0554	0.0599	0.0637	0.0670	0.0697	0.0721	0.0761	0.0792	0.0817	0.0837	0.0853	0.0882	0.0931
9.6	0.0533	0.0577	0.0614	0.0645	0.0672	0.0696	0.0734	0.0765	0.0789	0.0809	0.0825	0.0855	0.0905
10.0	0.0514	0.0556	0.0592	0.0622	0.0649	0.0672	0.0710	0.0739	0.0763	0.0783	0.0799	0.0829	0.0880
10.4	0.0496	0.0537	0.0572	0.0601	0.0627	0.0649	0.0686	0.0716	0.0739	0.0759	0.0775	0.0804	0.0857
10.8	0.0479	0.0519	0.0553	0.0581	0.0606	0.0628	0.0664	0.0693	0.0717	0.0736	0.0751	0.0781	0.0834
11.2	0.0463	0.0502	0.0535	0.0563	0.0587	0.0609	0.0644	0.0672	0.0695	0.0714	0.0730	0.0759	0.0813
11.6	0.0448	0.0486	0.0518	0.0545	0.0569	0.0590	0.0625	0.0652	0.0675	0.0694	0.0709	0.0738	0.0793

续表

l/b z/b	1.0	1.2	1.4	1.6	1.8	2.0	2.4	2.8	3.2	3.6	4.0	5.0	10.0
12.0	0.0435	0.0471	0.0502	0.0529	0.0552	0.0573	0.0606	0.0634	0.0656	0.0674	0.0690	0.0719	0.0774
12.8	0.0409	0.0444	0.0474	0.0499	0.0521	0.0541	0.0573	0.0599	0.0621	0.0639	0.0654	0.0682	0.0739
13.6	0.0387	0.0420	0.0448	0.0472	0.0493	0.0512	0.0543	0.0568	0.0589	0.0607	0.0621	0.0649	0.0707
14.4	0.0367	0.0398	0.0425	0.0448	0.0468	0.0486	0.0516	0.0540	0.0561	0.0577	0.0592	0.0619	0.0677
15.2	0.0349	0.0379	0.0404	0.0426	0.0446	0.0463	0.0492	0.0515	0.0535	0.0551	0.0565	0.0592	0.0650
16.0	0.0332	0.0361	0.0385	0.0407	0.0425	0.0442	0.0469	0.0492	0.0511	0.0527	0.0540	0.0567	0.0625
18.0	0.0297	0.0323	0.0345	0.0364	0.0381	0.0396	0.0422	0.0442	0.0460	0.0475	0.0487	0.0512	0.0570
20.0	0.0269	0.0292	0.0312	0.0330	0.0345	0.0359	0.0383	0.0402	0.0418	0.0432	0.0444	0.0468	0.0524

2. 沉降计算经验系数 ψ_s

ψ_s 综合反映了理论公式中一些未能考虑的因素,它是根据大量工程实例中沉降观测值与计算值的统计分析比较而得的。ψ_s 与地基土的压缩模量 E_s、承受的荷载有关,按表 4-4 确定。

表 4-4　沉降计算经验系数 ψ_s

基底 附加应力	$\overline{E}_s/\mathrm{MPa}$	2.5	4.0	7.0	15.0	20.0
黏性土	$p_0 = f_{ak}$	1.4	1.3	1.0	0.4	0.2
	$p_0 < 0.75 f_{ak}$	1.1	1.0	0.7	0.4	0.2
砂土		1.1	1.0	0.7	0.4	0.2

注:f_{ak} 为地基承载力特征值;$\overline{E}_s$ 为沉降计算深度范围内的压缩模量当量值,按式(4.3.13)计算:

$$\overline{E}_s = \frac{\sum A_i}{\sum A_i/E_{si}} \qquad (4.3.13)$$

A_i——第 i 层平均附加应力系数沿土层深度的积分值,$A_i = p_0(z_i \overline{\alpha}_i - z_{i-1} \overline{\alpha}_{i-1})$

E_{si}——为相应于该土层的压缩模量。

3. 地基沉降计算深度 Z_n

(1)存在相邻荷载影响的情况下,地基沉降计算深度 Z_n 应满足:

$$\Delta s_n' \leqslant 0.025 \sum_{i=1}^{n} \Delta s_i' \qquad (4.3.14)$$

式中:$\Delta s_n'$ 为计算深度处向上取厚度 Δz 分层的沉降计算值,Δz 的厚度选取与基础宽度 b 有关,见表 4-5。

表 4-5　计算层厚度取值表

b(m)	≤2	2~4	4~8	8~15	15~30	>30
Δz(m)	0.3	0.6	0.8	1.0	1.2	1.5

$\Delta s_i'$ 为计算深度范围内第 i 层土的沉降计算值。

(2)对无相邻荷载的独立基础,基础宽度在1~30m范围内,可按下列简化的经验公式确定沉降计算深度:

$$Z_n = b(2.5 - 0.4\ln b) \tag{4.3.15}$$

例题 4.2 条件同例题 4.1,用规范法求最终沉降量。

解 采用下式计算

$$s' = \sum_{i=1}^{n}(z_i\overline{a_i} - z_{i-1}\overline{a_{i-1}})\frac{p_0}{E_{si}}$$

计算结果详见表 4-6。

表 4-6 例题 4.2 计算表格

z (m)	l/b	z/b	$\overline{a_i}$	$\overline{a_i}z_i$	$\overline{a_i}z_i - \overline{a_{i-1}}z_{i-1}$	E_{si} (kPa)	$\Delta s' = (\overline{a_i}z_i - \overline{a_{i-1}}z_{i-1})\frac{4p_0}{E_{si}}$ (cm)	$s' = \sum\Delta s'$ (cm)
0		0	0.2500	0				
1.0		0.8	0.2346	0.2346	0.2346	4418	4.27	4.27
2.0		1.6	0.1939	0.3878	0.1532	6861	1.80	6.07
3.0	$\dfrac{1.25}{1.25}=1$	2.4	0.1578	0.4734	0.0856	7749	0.89	6.96
4.0		3.2	0.1310	0.5240	0.0506	6848	0.59	7.55
5.0		4.0	0.1114	0.5570	0.033	4393	0.60	8.15
6.0		4.8	0.0967	0.5802	0.0232	3147	0.59	8.74
7.0		5.6	0.0852	0.5964	0.0162	2304	0.57	9.31
7.6		6.08	0.0804	0.6110	0.0146	35000	0.03	9.34

按规范确定受压层下限,$z_n = 2.5(2.5 - 0.4\ln 2.5) = 5.3$(m);由于下面土层仍软弱,在③层黏土底面以下取 Δz 厚度计算,根据表 4-5 的要求,取 $\Delta z = 0.6$m,则 $z_n = 7.6$m,计算得厚度 Δz 的沉降量为 0.03cm,满足要求。

$$由\ \overline{E}_s = \frac{\sum A_i}{\sum A_i/E_{si}} = 5258\ \text{kPa},并假定\ f_{ak} = p_0,$$

由表 4-3 得沉降计算经验系数 $\psi_s = 1.17$,那么,最终沉降量为

$$s = \psi_s \cdot s' = 1.17 \times 9.34 = 109.8\ \text{(mm)}$$

4.4 有效应力原理

作用于饱和土体内某截面上总的正应力 σ 由两部分组成,一部分为孔隙水压力 u,它沿着各个方向均匀作用于土颗粒上,其中由孔隙水自重引起的称为静水压力,由附加应力引起的称为超静孔隙水压力(通常简称为孔隙水压力);另一部分为有效应力 σ',它作用于土的骨架(土颗粒)上,其中土粒自重引起的即为土的自重应力,由附加应力引起的称为附加有效应力。

为更好地理解固结过程中土水分担附加应力及其变化的情况,可用图 4-10 所示的简化水弹簧模型来模拟。在装满水的圆筒中,放置一根弹簧,顶面有一个具有排水孔的活塞,弹簧模拟土体中的固体颗粒,而水模拟土体中的孔隙水。当在活塞上骤然施加压力 σ,瞬间水来不及排出,弹簧没有变形,附加压力完全由活塞下面的水承担,即 $u = \sigma$;接着在孔隙水压

力作用下,水开始由排水孔排出,活塞下降,弹簧压缩,弹簧承担了一部分压力,相应的水压力减少,此时,$\sigma = \sigma' + u$;随着水的继续逸出,孔隙水压力逐渐趋于零,压力 σ 最终全部转移到弹簧上,水不再承担压力,也不再排出,固结变形终止。

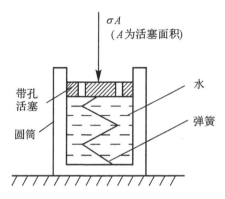

图 4-10 饱和土体固结模型

可见,饱和土中总应力与孔隙水压力、有效应力之间存在如下关系:

$$\sigma = \sigma' + u \tag{4.4.1}$$

式(4.4.1)称为饱和土的有效应力公式,加上有效应力在土中的作用,可以进一步表述成如下的有效应力原理:

(1)饱和土体内任一平面上受到的总应力等于有效应力与孔隙水压力之和;

(2)土的强度的变化和变形只取决于土中有效应力的变化。

4.5 一维固结理论

前面介绍的方法确定的地基沉降量,是指地基土在建筑荷载作用下达到压缩稳定后的沉降量,因而称为地基的最终沉降量。然而,在工程实践中,常常需要预估建筑物竣工及一段时间后的沉降量和达到某一沉降量所需要的时间,为解决地基沉降与时间的关系,太沙基提出了饱和土体一维渗流固结理论。

太沙基做了如下基本假设:

(1)土层是均质的,含水饱和的;

(2)在固结过程中,土粒和孔隙水是不可压缩的;

(3)土层仅在竖向产生排水固结(相当于有侧限条件);

(4)土层的渗透系数 k 和压缩系数 a 为常数;

(5)土层的压缩速率取决于自由水的排出速率,水的渗透符合达西定律;

(6)外荷是一次瞬时施加的,且沿深度 z 为均匀分布。

根据上述假定,太沙基得出了饱和土体单向渗透固结控制方程:

$$C_v \frac{\partial^2 u}{\partial z^2} = \frac{\partial u}{\partial t} \tag{4.4.2}$$

式中:$C_v = \dfrac{k(1+e_1)}{a \gamma_w}$,称为竖向渗透固结系数,$m^2/$年或 $cm^2/$年。

固结微分方程初始条件、边界条件一起构成定解问题,用分离变量法可求微分方程的解。

如图 4-11 所示的土层属单面排水固结情况,满足:

初始条件:

$t=0$ 和 $0 \leqslant z \leqslant H$, $u=u_0=p$

边界条件:

$0<t<\infty$ 和 $z=0$, $u=0$

$0<t<\infty$, $z=H$, $\dfrac{\partial u}{\partial z}=0$

$t=\infty$, $0 \leqslant z \leqslant H$, $u=0$, $\sigma'=\sigma_z=p$

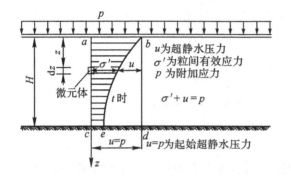
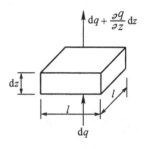

图 4-11　一维渗透固结过程

土层中任一点的孔隙水压力可表达为

$$u_{zt} = \frac{4}{\pi}\sigma_z \sum_{m=1}^{\infty} \frac{1}{m} e^{-\frac{m^2\pi^2}{4}T_v} \sin\frac{m\pi}{2H}z \qquad (4.4.3)$$

式中:m 为正整奇数$(1,3,5,\cdots)$;e 为自然对数的底;时间 t 的单位为年;H 为压缩土层的透水面至不透水面的排水距离(单位:cm);当土层双面排水,H 取土层厚度的一半;T_v 为无因次时间因素:

$$T_v = \frac{C_v t}{H^2} \qquad (4.4.4)$$

为描述土层在任一时刻的固结程度,定义出固结度,用以反映在某一固结压力作用下,经某一时间 t 后,土体发生固结或孔隙水压力消散的程度。对于土层任一深度 z 处经时间 t 后的固结度 U,表示为

$$U = \frac{\sigma'_{zt}}{p} = \frac{u_0 - u_{zt}}{u_0} = 1 - \frac{u_{zt}}{u_0} \qquad (4.4.5)$$

式中:u_0 为初始孔隙水压力,其大小等于该点的固结压力(或施加的荷载);u_{zt} 为 t 时刻的孔隙水压力。

平均固结度(U_t):当土层为均质土时,地基在固结过程中任一时刻 t 时的沉降量 s_t 与地基的最终变形量 s 之比称为地基在 t 时刻的平均固结度,用 U_t 表示,即

$$U_t = \frac{s_t}{s} = \frac{\dfrac{a}{1+e_1}\displaystyle\int_0^H \sigma' \mathrm{d}z}{\dfrac{a}{1+e_1}\displaystyle\int_0^H \sigma_z \mathrm{d}z} = \frac{\displaystyle\int_0^H (\sigma_z - u)\mathrm{d}z}{\displaystyle\int_0^H \sigma_z \mathrm{d}z} = 1 - \frac{\displaystyle\int_0^H u\mathrm{d}z}{\displaystyle\int_0^H \sigma_z \mathrm{d}z} \qquad (4.4.6)$$

$\displaystyle\int_0^H u\mathrm{d}z$,$\displaystyle\int_0^H \sigma_z \mathrm{d}z$ 分别表示土层在外荷载作用下 t 时刻孔隙水压力面积与固结压力面积,

将式(4.4.3)代入式(4.4.6)得

$$U_t = 1 - \frac{8}{\pi^2}\left(e^{-\frac{\pi^2}{4}T_v} + \frac{1}{9}e^{-9\frac{\pi^2}{4}T_v} + \cdots\right) \tag{4.4.7}$$

从式(4.4.7)可以看出,土层的平均固结程度是时间因数 T_v 的单值函数,它与所加的固结压力的大小无关,但与土层中固结压力的分布有关。式(4.4.7)的级数收敛很快,当 U_t >30%时,可近似地取其中第一项,即

$$U_t = 1 - \frac{8}{\pi^2}e^{-\frac{\pi^2}{4}T_v} \tag{4.4.8}$$

式中固结度是时间因数 T_v 的函数,可绘出 U_t 与 T_v 的关系曲线,如图 4-12 中曲线①所示。

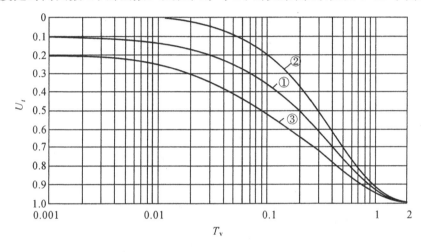

图 4-12　U_t 与 T_v 关系曲线

上述情况适用于饱和黏土中附加应力均匀分布的情况,相当于地基在自重应力作用下固结已完成,荷载面积很大,压缩层较薄,附加应力沿深度不衰减的情况(相应于图 4-13 中的情况 1)。

对于不同的附加应力分布和排水条件,同样可导出相应的固结度公式。同时应注意以上情况是单面排水,如固结土层上、下均有排水层,属于双面排水,其固结度仍按上式计算,但在时间因数中,应以 $H/2$ 代替 H。

对于起始超静水压力沿土层深度为线性变化的情况(图 4-13 中的情况 2 和 3),可根据此时的边界条件,解微分方程(4.4.2),并对式(4.4.7)进行积分,分别得

情况 2:

$$U_t = 1 - 1.03\left(e^{-\frac{\pi^2}{4}T_v} - \frac{1}{27}e^{-9\frac{\pi^2}{4}T_v} + \cdots\right) \tag{4.4.9}$$

情况 3:

$$U_t = 1 - 0.59\left(e^{-\frac{\pi^2}{4}T_v} - 0.37e^{-9\frac{\pi^2}{4}T_v} + \cdots\right) \tag{4.4.10}$$

这两种情况下的 U_t-T_v 关系曲线如图 4-12 中的曲线②和曲线③所示。

按照固结度理论,可根据土层中的固结压力、排水条件解决下列问题:

(1)已知固结度求相应的时间 t 和沉降量。

查 U_t-T_v 关系图表,确定 T_v,则 $t = H^2 \cdot T_v / C_v$,$s_t = s_\infty \cdot U_t$,其中最终沉降 s_∞ 和固结系数 C_v 可根据给定的参数(k、e、a、H 等)求得。

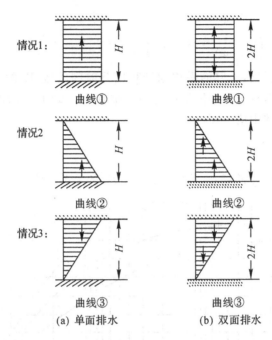

图 4-13 单向固结的几种初始孔隙水压力分布

（2）已知某时刻的沉降量求相应的固结度和时间。

用式(4.4.6)直接求得 U_t，再用 U_t-T_v 关系图表求 T_v，即可求得 t。

（3）已知某时间求相应的沉降量与固结度。

由时间 t 求得 T_v，再用 U_t-T_v 关系图表得 U_t，然后用式(4.4.6)可求得某时刻 t 的沉降量。

例题 4.3 若有一黏性土层，厚为 10m，上、下两面均可排水。现从黏土层中心取样，切取厚 2cm 的试样，放入固结仪做试验（上、下均有透水面），在某一级固结压力作用下，测得其固结度达到 80% 时所需的时间为 10 分钟，问该黏土层在同样固结压力作用下达到同一固结度所需的时间为多少？若黏性土改为单面排水，所需时间又为多少？

解 已知 $H_1=10\text{m}$，$H_2=0.02\text{m}$，$t_2=10$ 分钟，$U_t=80\%$

由于土的性质和固结度均相同，因而由 $C_{v1}=C_{v2}$ 及 $T_{v1}=T_{v2}$ 的条件可得土层固结度达到 80% 时所需的时间：

$$\frac{t_1 C_{v1}}{\left(\frac{H_1}{2}\right)^2}=\frac{t_2 C_{v2}}{\left(\frac{H_2}{2}\right)^2}, \quad t_1=\frac{H_1^2}{H_2^2}t_2=\frac{10^2}{0.02^2}\times 10=2.5\times 10^6（分）=4.76（年）$$

当黏土层改为单面排水时，其所需时间为 t_3，则由相同的条件可得：

$$\frac{t_3}{H_1^2}=\frac{t_1}{\left(\frac{H_1}{2}\right)^2}, \quad t_3=4t_1=4\times 4.76\approx 19（年）$$

从上可知，在其他条件相同的条件下，单面排水所需的时间为双面排水的四倍。

例题 4.4 在不透水的非压缩岩层上，为一厚 10m 的饱和黏土层，其上面作用着大面积均布荷载 $p=200\text{kPa}$，已知该土层的孔隙比 $e_1=0.8$，压缩系数 $a=0.00025\text{kPa}^{-1}$，渗透系数 $k=6.4\times 10^{-8}\text{cm/s}$。

试计算:(1)加荷一年后地基的沉降量;

(2)加荷后多长时间,地基的固结度 $U_t=75\%$。

解

(1)求一年后的沉降量。

土层的最终沉降量:

$$s=\frac{a}{1+e_1}\sigma_z H=\frac{0.00025}{1+0.8}\times200\times1000=27.8\,(\text{cm})$$

土层的固结系数:

$$C_v=\frac{k(1+e_1)}{\gamma_w a}=\frac{6.4\times10^{-8}(1+0.8)}{10\times0.00025\times0.01}=4.61\times10^{-3}\,(\text{cm}^2/\text{s})$$

经一年时间的时间因数:

$$T_v=\frac{C_v t}{H^2}=\frac{4.61\times10^{-3}\times86400\times365}{1000^2}=0.145$$

由图 4-12 曲线①查得 $U_t=0.42$,按 $U_t=s_t/s$,计算加荷一年后的地基沉降量:

$$s_t=sU_t=27.8\times0.42=11.68\,(\text{cm})$$

(2)求 $U_t=0.75$ 时所需时间。

由 $U_t=0.75$ 查图 4-12 曲线①得 $T_v=0.472$,按时间因数的定义公式,可计算所需时间:

$$T_v=\frac{C_v t}{H^2}\Rightarrow t=\frac{T_v H^2}{C_v}=\frac{0.472\times1000^2}{4.61\times10^{-3}}\times\frac{1}{86400\times365}=3.25\,(\text{年})$$

4.6　建筑物沉降观测及后期沉降预测

4.6.1　建筑物的沉降观测

建筑物的沉降观测能反映地基的实际变形以及地基变形对建筑物的影响程度。因此,系统的沉降观测资料是验证地基基础设计是否正确,分析地基事故以及判别施工质量的重要依据,也是确定建筑物地基的容许变形值的重要资料。此外,通过对沉降计算值与实测值的对比,还可以了解现行沉降计算方法的准确性,以便改进或发展更符合实际的沉降计算方法。

《建筑地基基础设计规范》(GB 50007—2002)规定下列建筑物应在施工期间及使用期间进行变形观测:

(1)地基基础设计等级为甲级的建筑物;

(2)复合地基或软弱地基上的设计等级为乙级的建筑物;

(3)加层及扩建建筑物;

(4)受邻近深基坑开挖施工影响或受场地地下水等环境因素变化影响的建筑物;

(5)需要积累建筑经验或进行设计反分析的工程。

这里所指的建筑物沉降观测包括从施工开始,整个施工期内和使用期间对建筑物进行的沉降观测,并以实测资料作为建筑物地基基础工程质量检查的依据之一,建筑物施工期的观测日期和次数,应根据施工进度确定,建筑物竣工后的第一年内,每隔 2~3 月观测一次,以后适当延长至 4～6 月,直至达到沉降变形稳定标准为止。

根据《建筑变形测量规程》(JGJ/T 8—97),一般观测工程,若沉降速度小于 0.01mm/d,可认为已进入稳定阶段。

通常水准点不少于 3 个,埋设在坚实的土层上,离被观测的建筑物约 30～80m 的范围内妥善保护,不受外界影响或损害。观测点布置应能满足全面查明建筑物基础沉降的要求,便于观测且不易受到损坏,宜设在下列各处:

(1)建筑物的四周角点、中点和转角处。沿建筑物周边每隔 10～20m 可设一点;

(2)沉降缝的两侧,新建与原有建筑物连接处的两侧和伸缩缝的任一侧;

(3)宽度大于 15m 的建筑物内部承重墙(柱)上;同时宜设在纵横轴线上;

(4)重型设备基础和动力基础的四角;

(5)有相邻荷载影响处;

(6)受振源振动影响的区域;

(7)基础下有暗浜等处;

(8)框架结构的每个或部分柱基上;

(9)沿浮筏或箱形基础的周边和纵横轴线上。

4.6.2 建筑物地基变形允许值

为保证建筑物正常使用,不发生裂缝、倾斜或破坏,必须使地基变形值不大于地基容许变形值。《建筑地基基础设计规范》(GB 50007—2002)根据各类建筑物特点和地基土类别不同,给出了地基允许变形值,见表 4-7。

表 4-7 建筑物的地基变形允许值

变形特征	地基土类别	
	中、低压缩性土	高压缩性土
砌体承重结构基础的局部倾斜	0.002	0.003
工业与民用建筑相邻柱基的沉降差		
(1)框架结构	0.0021	0.0031
(2)砌体墙填充的边排柱	0.00071	0.0011
(3)当基础不均匀沉降时不产生附加应力的结构	0.0051	0.0051
单层排架结构(柱距为 6m)柱基的沉降量(mm)	(120)	200
桥式吊车轨面的倾斜(按不调整轨道考虑)		
纵向	0.004	
横向	0.003	
多层和高层建筑的整体倾斜 $H_g \leqslant 24$	0.004	
$24 < H_g \leqslant 60$	0.003	
$60 < H_g \leqslant 100$	0.0025	
$H_g > 100$	0.002	
体型简单的高层建筑基础的平均沉降量(mm)	200	

续表

变形特征	地基土类别	
	中、低压缩性土	高压缩性土
高耸结构基础的倾斜 $H_g \leqslant 20$ $20 < H_g \leqslant 50$ $50 < H_g \leqslant 100$ $100 < H_g \leqslant 150$ $150 < H_g \leqslant 200$ $200 < H_g \leqslant 250$	0.008 0.006 0.005 0.004 0.003 0.002	
高耸结构基础的沉降量(mm) $H_g \leqslant 100$ $100 < H_g \leqslant 200$ $200 < H_g \leqslant 250$	400 300 200	

注：(1)有括号者仅适用于中压缩性土；(2)l 为相邻柱基的中心距离(mm)；H_g 为自室外地面起算的建筑物高度(m)。

4.6.3　后期沉降预测

在实际工程中发现沉降量的理论计算结果往往与实测结果并不完全相符,因为沉降计算中存在着一定的误差,而实际观测时间往往又很短,很难做到长期观测,因此,利用有限的沉降观测资料估算后期沉降量显得尤为重要。下面以对数曲线法为例介绍由沉降实测资料来推算后期沉降的方法。

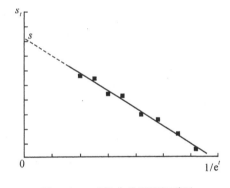

图 4-14　对数曲线预测沉降法

地基变形与时间的关系,近似可用对数曲线来表达：

$$s_t = s(1 - e^{-at})$$

式中：e 为自然对数的底；a 为待定系数。

若以 s_t 为纵坐标,$1/e^t$ 为横坐标,根据实测资料绘制 s_t-$\dfrac{1}{e^t}$ 关系曲线,则曲线的延长线与纵坐标 s_t 轴相交点即为所求的 s 值(如图 4-14 所示)。

思考题

4-1　为什么可以说土的压缩变形实际上是土的孔隙体积的减小？

4-2　为何有了压缩系数还要定义压缩模量？

4-3　计算地基最终沉降量的分层总和法与规范法的主要区别有哪些？两者的实用性如何？

4-4　饱和土的太沙基一维固结理论考虑的主要因素有哪些？

4-5　太沙基的有效应力原理与实际情况差别有多大？

4-6　土的应力历史对土的压缩性有何影响？

习　题

4-1　某土样的压缩试验成果如表 4-7 所示,求土的压缩系数 a_{1-2},并计算相应的侧限压缩

模量 E_s，评价此土的压缩性。

表 4-7

压应力 σ(kPa)	50	100	200	300
孔隙比 e	0.964	0.952	0.936	0.924

4-2　某饱和黏性层厚度为 10m，在大面积荷载 $p_0=120$kPa 作用下，该黏土层的最终沉降量是 18cm，已知该土层的初始孔隙比 $e_0=1$，求黏性土层的压缩系数 a。

4-3　已知一矩形基础底面尺寸为 5.6m×4.0m，基础埋深 $d=2.0$m。上部结构总荷重 $F=6600$kN，基础及其上填土平均重度 $\gamma_0=20$kN/m³。地基土表层为人工填土 $\gamma_1=17.5$ kN/m³，厚度 6.0m，第二层为黏土，$\gamma_2=16.0$kN/m³，$e_1=1.0$，$a=0.8$MPa⁻¹，厚度 1. 6m，第三层为卵石，$E_s=25$MPa，厚 5.6m。求黏土层的沉降量。

4-4　某工程矩形基础长度 3.8m，宽度 2.0m，埋深 $d=1.0$m。地面以上上部荷重 $F=900$kN。地基为粉质黏土，$\gamma=16.0$kN/m³，$e_1=1.0$，$a=0.6$MPa⁻¹。试用《规范》法计算基础中心点的最终沉降量。

4-5　地基中有一饱和黏土层，厚 5.0m，重度 $\gamma=17$kN/m³，孔隙比 $e_1=0.880$，压缩系数 $a=0.4$MPa⁻¹，由上部结构传来的荷载，使黏土层顶面和底面产生的附加应力分别为 240kPa 和 120kPa，试求：(1)黏土层的最终沉降量；(2)固结度达 70% 时的沉降量。

4-6　厚度为 10m 的黏土层，上覆透水层，下卧不透水层，其压缩应力如图 4-15 所示。已知黏土层的初始孔隙比 $e_1=0.8$，压缩系数 $a=0.00025$kPa⁻¹，渗透系数 $k=0.02$m/年。试求：

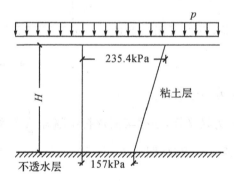

图 4-15　习题 4.6 附图

(1)加荷一年后的沉降量 s_t？

(2)地基固结度达 $U_t=0.75$ 时所需要的历时 t？

(3)若将此黏土层下部改为透水层，则 $U_t=0.75$ 时所需历时 t？

第5章 土的抗剪强度

【学习要点】

1.掌握库仑定律及抗剪强度指标；

2.掌握摩尔—库仑强度准则；

3.掌握土体中一点的极限平衡条件及土体中一点应力状态的判定；

4.掌握直接剪切试验、三轴压缩试验的原理和直接剪切试验的方法,理解三轴压缩试验的三种方法,了解十字板和无侧限抗压试验方法。

5.1 概　述

任何材料在外力的作用下,都会产生一定的变形,当材料应力达到一定值时,变形会出现质的变化,即材料发生破坏。这时,材料应力所达到的临界值,也就是材料刚刚开始破坏时的应力,可称为材料的极限强度(包括抗拉强度、抗压强度和抗剪强度)。由于土具有粒状特性,与一般的金属等固体材料不同,它不能承受拉力,但能承受一定的压力和剪力。而在一般工作条件下,土的破坏形态是剪切破坏,所以把土的强度称为抗剪强度。

土的抗剪强度(τ_f)是指土体抵抗剪切破坏的极限能力,其数值等于剪切破坏时滑动面上的剪应力。当土体中的剪应力超过土体本身的抗剪强度时,土体将产生沿着其中某一滑裂面的滑动,而使土体丧失整体稳定性。在土木工程中,与土的抗剪强度有关的工程问题主要有三类:第一类是土作为建筑物地基的承载力问题(如图 5-1(a)所示);第二类是以土作为建造材料的土工构筑物的稳定性问题,如土坝、路堤等填方边坡以及天然土坡等的稳定性问题(如图 5-1(b)所示);第三类是土作为工程构筑物环境的安全性问题,即土压力问题,如挡土墙、地下结构等的周围土体(如图 5-1(c)、图 5-1(d)所示)。为了保证土木工程建设中建(构)筑物的安全和稳定,就必须认真研究土的抗剪强度和土的极限平衡等问题。

影响土的抗剪强度指标的因素是很多的。它不仅与土的种类及性状有关,还与土的结构、应力历史、土体中应力大小、抗剪强度试验时的排水条件、加荷速率、被测试土的扰动程度等因素有关。

本章主要介绍土的抗剪强度理论、抗剪强度的室内和现场测试方法。

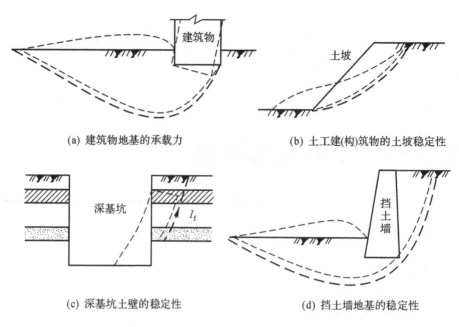

(a) 建筑物地基的承载力 (b) 土工建(构)筑物的土坡稳定性

(c) 深基坑土壁的稳定性 (d) 挡土墙地基的稳定性

图 5-1 土的强度破坏有关的工程问题

5.2 土的直接剪切试验与库仑定律

5.2.1 直接剪切试验

土的抗剪强度可以通过多种方法获得,其中室内直接剪切试验是最常用、最方便快捷的一种方法。

直接剪切所用的仪器叫直剪仪,将土样装在金属剪切盒内,对土样施加一法向压力和剪切力,增大剪切力使土体沿指定剪切面破坏。直剪仪按施加剪切力的方式不同,可分为应变控制式和应力控制式两种,前者是等速推动试样产生位移,测定相应的剪应力;后者则是对试样分级施加等量水平剪切应力测定相应的位移。两者相比,应变控制式直剪仪具有明显的优点,因此我国普遍采用这种测试仪器(如图 5-2 所示)。这种仪器主要由上下两个重叠在一起的剪切盒组成,上盒固定,下盒可沿上下盒的接触面滑动。试验时,将试样放在上下盒内上下两块透水石之间,由杠杆系统通过加压活塞和透水石对试样施加一法向应力 σ,然后等速转动手轮对下盒施加水平推力,使试样在上下盒之间的接触面上产生剪切变形,直至破坏,破坏的标准可以通过绘制剪应力 τ 与剪切位移 δ 之间的关系曲线确定(如图 5-3(a)所示):当曲线有峰值时,取峰值为相应法向应力 σ 作用下的抗剪强度 τ_f 的值;当无峰值时,可取剪切位移 $\delta=2$mm 所对应的剪应力为相应法向应力 σ 作用下的抗剪强度 τ_f 的值。作用在水平面上的剪应力 τ 可通过与土盒接触的量力环的变形值计算确定。

如果另换一个同类型土样,并改变法向应力的大小(一般可取垂直压力为 100、200、300、400kPa),用同样的方法可求得相应的 τ_f。这样用 3~4 个相同的土样,采用不同的法向应力,可以测得 3~4 组(σ,τ_f)值,绘制如图 5-3(b)所示的图形。试验结果表明抗剪强度与法向应力之间基本成直线关系,该直线在纵轴上的截距称为土的黏聚力 c,与横轴的夹角称

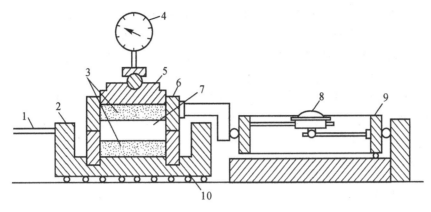

图 5-2　应变控制式直剪仪

1—轮轴;2—底座;3—透水石;4—量表;5—活塞;

6—上盒;7—土样;8—量表;9—量力环;10—下盒

为土的内摩擦角 φ。

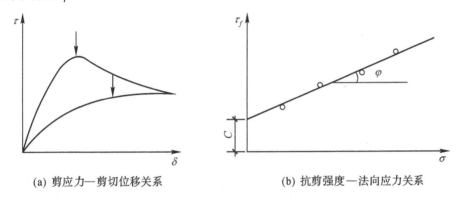

(a) 剪应力—剪切位移关系　　　　　　　(b) 抗剪强度—法向应力关系

图 5-3　直接剪切试验成果

为了能近似地模拟现场土体的剪切条件,考虑剪切前土在荷载作用下的固结程度、土体剪切速率或加荷速度快慢情况,把直剪试验分为快剪试验、固结快剪试验和慢剪试验。现做简要介绍如下。

1. 快剪试验

试样在垂直压力施加后,立即以 0.8mm/min 的剪切速率施加水平剪切力,直至土样产生破坏。从加荷到剪切破坏一般情况下只需 3~5min。由于施加垂直压力后立即开始剪切,土体在该垂直压力作用下未产生排水固结。又由于剪切速率较快,对渗透性较小的黏性土可认为此过程中也不产生排水固结。由快剪试验得到的抗剪强度指标通常用 c_q 和 φ_q 表示。

2. 固结快剪试验

试样在垂直压力施加后,让土样充分排水,待土样排水固结稳定后,再以 0.8mm/min 的剪切速率进行剪切,直至土样产生破坏。由固结快剪试验得到的抗剪强度指标通常用 c_{cq} 和 φ_{cq} 表示。

3. 慢剪试验

试样在垂直压力施加后,让土样充分排水,待土样排水固结稳定后,再以 0.02mm/min 的剪切速率进行剪切,直至土样产生破坏。由于剪切速率较慢,可认为在剪切过程中土体充分排水并产生体积变形。由慢剪试验得到的抗剪强度指标通常用 c_s 和 φ_s 表示。

　　土的直接剪切试验操作,见本书的配套试验教材《土力学试验指导》。

　　直接剪切试验具有设备构造简单,土样制备和试验操作方便等优点,但也存在不少缺点,主要有:(1)剪切面限定为上下盒之间的接触平面,而不是土样剪切破坏时的最薄弱面;(2)用剪切速度大小来模拟剪切过程中的排水条件,误差较大,在试验中不能控制排水条件;(3)剪切面上剪应力分布不均匀,剪切过程中上下盒轴线不重合,实际剪切面逐渐变小,试验中主应力大小及方向发生变化,并且在整理试验成果中难以考虑上述因素;(4)剪切面上剪应力分布不均匀,土样剪切破坏首先从边缘开始,在边缘处发生应力集中现象。

5.2.2　土的库仑定律

　　1773 年,法国学者 C. A. 库仑(Coulomb)根据砂土的试验结果,将土的抗剪强度表达为滑动面上法向总应力的函数,即

$$\tau_f = \sigma \tan\varphi \tag{5.2.1}$$

以后又提出了适合黏性土的更普遍的形式:

$$\tau_f = c + \sigma \tan\varphi \tag{5.2.2}$$

式中:τ_f——土的抗剪强度,kPa;

　　　　σ——剪切面的法向总应力,kPa;

　　　　c——土的黏聚力,kPa;

　　　　φ——土的内摩擦角,度。

　　以上两式统称为库仑定律或库仑公式,c、φ 称为抗剪强度指标或抗剪强度参数。将库仑公式表示在 τ_f-σ 坐标系统中为一条直线,如图 5-4 所示。由库仑定律可以看出,土的抗剪强度由两部分组成:一部分是剪切面上土的黏聚力,能起到抵抗剪切的作用,主要来自土的结构性,砂土黏聚力通常为零(如式 5.2.1),所以又称无黏性土;另一部分是土的摩擦阻力,与剪切面上作用的法向应力 σ 成正比,比例系数为 $\tan\varphi$。

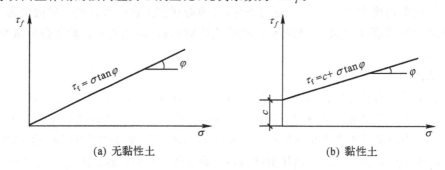

(a) 无黏性土　　　　　　　　　　　　　(b) 黏性土

图 5-4　抗剪强度与法向压应力之间的关系

　　根据有效应力原理,土中总应力等于有效应力和孔隙水压力之和。土的抗剪强度可用总应力表示,也可以用有效应力表示。采用有效应力表示的抗剪强度表达式为

$$
\begin{aligned}
\tau_f &= c' + \sigma' \tan\varphi' \\
&= c' + (\sigma - u)\tan\varphi'
\end{aligned}
\tag{5.2.3}
$$

式中:c',φ'——土的抗剪强度有效应力强度指标;

　　　　σ,σ'——作用在剪切面上的总应力和有效应力值;

u——破坏时土体中孔隙水压力。

因此,土的抗剪强度有两种表达方法:一种称为抗剪强度总应力法,相应的 c,φ 称为总应力强度指标或总应力强度参数;另一种称为抗剪强度有效应力法,相应的 c',φ' 称为有效应力强度指标或有效应力强度参数。试验研究表明,土的抗剪强度取决于土粒间的有效应力,因此选用抗剪强度有效应力法更准确一些。

尽管材料的破坏准则较多,但建立在库仑公式基础上的破坏准则应用上比较方便,故在工程上仍沿用至今。

5.3 摩尔—库仑理论及土的应力极限平衡条件

5.3.1 摩尔—库仑强度理论

1910 年摩尔(Mohr)提出材料产生剪切破坏时,剪切面上的剪应力 τ_f 是该面上法向应力 σ 的函数,记为

$$\tau_f = f(\sigma) \tag{5.3.1}$$

式(5.3.1)一般情况下表现为一条曲线,称为摩尔包线(或抗剪强度包线),如图 5-5 实线所示。摩尔包线表示材料受到不同应力作用达到极限状态时,滑动面上法向应力 σ 与剪切应力 τ_f 的关系。而土的摩尔包线通常情况下可近似地用直线表示,如图 5-5 虚线所示,这条直线方程就是库仑定律所表示的方程。一般情况下,将由库仑定律表示摩尔包线的土体抗剪强度理论称为摩尔—库仑(Mohr-Coulomb)强度理论。

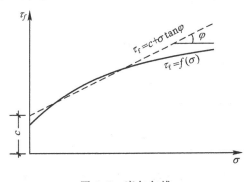

图 5-5 摩尔包线

5.3.2 极限平衡条件

土体中某点处于极限平衡状态,亦称该点发生了剪切破坏。处于极限平衡状态的应力条件称为极限平衡条件。根据摩尔—库仑理论,判断一点的应力是否达到了极限平衡状态(或简称极限平衡),主要看这个点的摩尔应力圆是否与强度线相切。

如果给定了土的抗剪强度参数以及土中某点的应力状态,则可将抗剪强度包线与摩尔应力圆绘制在同一坐标系上(如图 5-6 所示)。它们之间的关系有以下三种情况:

(1)整个摩尔圆位于抗剪强度包线的下方(圆Ⅰ),此时摩尔圆与强度包线没有交点。说明该点在任何平面上的剪应力都小于土所能发挥的抗剪强度($\tau < \tau_f$),因此土体不会发生剪切破坏。

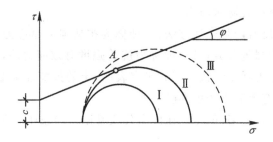

图 5-6　摩尔圆与抗剪强度包线之间的关系

（2）抗剪强度包线与摩尔圆相切（圆Ⅱ），切点为 A，说明在 A 点所代表的平面上，剪应力正好等于抗剪强度（$\tau = \tau_f$），该点处于极限平衡状态。

（3）抗剪强度包线是摩尔圆的一条割线（圆Ⅲ），实际上这种情况是不可能存在的，因为该点任何方向上的剪应力都不可能超过土的抗剪强度（即不存在 $\tau > \tau_f$ 的情况）。

按照这一理论，确定一点是否达到极限应力状态的是该点的大小主应力，与中主应力无关，只要已知土体中一点的大小主应力，即可绘出摩尔圆，如图 5-7 所示。在摩尔圆中，O_1B 表示剪切面。根据材料力学知识，由图 5-7 可知剪切面方向与大主应力 σ_1 作用面方向的夹角为 $\alpha = 45° + \dfrac{\varphi}{2}$，如图 5-7 所示。

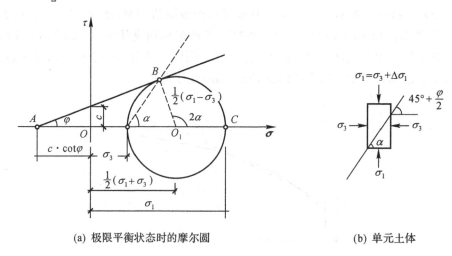

(a) 极限平衡状态时的摩尔圆　　　　　　　　(b) 单元土体

图 5-7　土体达到极限平衡状态的摩尔圆

根据极限应力圆（剪切破坏时的摩尔圆）与抗剪强度包线（摩尔强度包线）之间的几何关系，可建立土体的极限平衡条件。

由三角形 AO_1B 可得到下述关系式：

$$\frac{1}{2}(\sigma_1 - \sigma_3) = \left(\frac{\sigma_1 + \sigma_3}{2} + c\cot\varphi\right)\sin\varphi \tag{5.3.2}$$

或

$$\sin\varphi = \frac{\sigma_1 - \sigma_3}{\sigma_1 + \sigma_3 + 2c\cot\varphi} \tag{5.3.3}$$

经化简，可得到土体处于极限平衡状态时最大主应力和最小主应力之间的关系式：

$$\sigma_1 = \sigma_3 \tan^2\left(45° + \frac{\varphi}{2}\right) + 2c\tan\left(45° + \frac{\varphi}{2}\right) \tag{5.3.4}$$

或

$$\sigma_3 = \sigma_1 \tan^2\left(45° - \frac{\varphi}{2}\right) - 2c\tan\left(45° - \frac{\varphi}{2}\right) \tag{5.3.5}$$

对于无黏性土,由于黏聚力 $c=0$,则由以上两式可知,无黏性土的极限平衡条件为

$$\sigma_1 = \sigma_3 \tan^2\left(45° + \frac{\varphi}{2}\right) \tag{5.3.6}$$

或

$$\sigma_3 = \sigma_1 \tan^2\left(45° - \frac{\varphi}{2}\right) \tag{5.3.7}$$

或

$$\frac{\sigma_1 - \sigma_3}{\sigma_1 + \sigma_3} = \sin\varphi \tag{5.3.8}$$

采用有效应力分析时,类似可得

$$\sigma_1' = \sigma_3' \tan^2\left(45° + \frac{\varphi'}{2}\right) + 2c'\tan\left(45° + \frac{\varphi'}{2}\right) \tag{5.3.9}$$

或

$$\sigma_3' = \sigma_1' \tan^2\left(45° - \frac{\varphi'}{2}\right) - 2c'\tan\left(45° - \frac{\varphi'}{2}\right) \tag{5.3.10}$$

例题 5.1　设黏性土地基中某点的主应力 $\sigma_1 = 300\text{kPa}$,$\sigma_3 = 100\text{kPa}$,土的抗剪强度指标 $c = 20\text{kPa}$,$\varphi = 26°$,试问该点处于什么状态?

解　由式(5.3.10),若土体处于极限平衡状态,且最大主应力为 σ_1,则

$$\sigma_{3f} = \sigma_1 \cdot \tan^2\left(45° - \frac{\varphi'}{2}\right) - 2c\tan\left(45° - \frac{\varphi'}{2}\right) = 90 \ (\text{kPa})$$

所以　　$\sigma_{3f} < \sigma_3$

故可判定该点处于稳定状态。

或由式(5.3.9),若土体处于极限平衡状态,且最小主应力为 σ_3,则

$$\sigma_{1f} = \sigma_3 \cdot \tan^2\left(45° + \frac{\varphi}{2}\right) + 2c\tan\left(45° + \frac{\varphi}{2}\right) = 320 \ (\text{kPa})$$

所以　　$\sigma_{1f} < \sigma_1$

故可判定该点处于稳定状态。

摩尔强度包线与摩尔应力圆相对关系见图 5-8 所示,由该图也可以看出该点所处的应力状态为稳定状态。

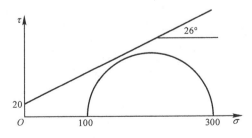

图 5-8　例题 5.1 附图

5.4 三轴压缩试验

5.4.1 三轴压缩试验简介

三轴压缩试验简称三轴试验,是测定土抗剪强度的一种较为完善的方法,其试验设备为三轴压缩仪。三轴试验是在三向加压条件下的剪切试验。三轴压缩仪示意图如图 5-9,主要由压力室、轴向加荷系统、施加周围压力系统、孔隙水压力量测系统等组成。将试样做成圆柱形,并用橡皮薄膜裹好置于盛满水的压力室中,使试样与压力室中的水相隔离。作用在圆柱形试样上的围压 σ_3 可通过压力室中的水压力提供,圆柱形试样的轴向荷载可通过活塞杆施加。在试验中,先对土样施加恒定的围压($\sigma_1 = \sigma_2 = \sigma_3$),然后增加轴向压力,也就是说增加 σ_1,直至土体剪切破坏。设剪切破坏时,由传力杆施加在土样上的竖向压应力为 $\Delta\sigma_1$,则土样承受的大主应力 $\sigma_1 = \sigma_3 + \Delta\sigma_1$,而小主应力为 σ_3,由此可以画出一个极限应力圆。改变围压,用同一种土样的若干个试样(三个以上)按上述方法分别进行试验,可得出相应的剪切破坏时的大主应力 σ_1。将这些试验结果绘成一组极限应力圆(如图 5-10 所示),根据摩尔—库仑强度理论,作这些极限应力圆的公共切线,即为土的抗剪强度包线,通常可近似为一条直线,该直线与横坐标轴的夹角即为土的内摩擦角 φ,与纵坐标轴的截距即为土的黏聚力 c。

由于在试验中土样受力明确,基本上可以自由变形,可以较好地控制土样的排水条件,测量土体中孔隙水压力大小,所以三轴压缩试验是测定土的抗剪强度指标较为完善的方法。

在量测试验过程中孔隙水压力时,可以打开孔隙水压力阀,在试样施加压力后,由于土中孔隙水压力增加迫使零位指示器的水银面下降,为量测孔隙水压力,可用调压筒调整零位指示器的水银面始终保持原来的位置,这样,孔隙水压力表中的读数就是孔隙水压力值。如果要量测试验过程中的排水量,可打开排水阀门,让试样中的水排入量水管中,根据量水管

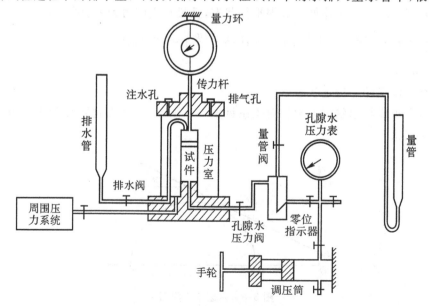

图 5-9 三轴压缩仪示意图

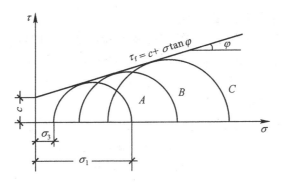

图 5-10　三轴压缩试验的摩尔圆与强度包线

中水位的变化可算出在试验过程中试样的排水量。

5.4.2　按排水条件的三轴压缩试验方法和指标

对应于直接剪切试验的快剪、固结快剪和慢剪,根据试样在围压作用下是否排水固结和剪切过程中排水条件,三轴试验可分为不固结不排水试验(UU 试验)、固结不排水试验(CU)和固结排水试验(CD)三种,下面分别加以介绍。

1. 不固结不排水试验(UU 试验)

试样在施加围压和随后施加轴向压力直至土样破坏的全过程中均不允许排水,试验过程自始至终关闭排水阀门。

图 5-11 中圆 Ⅰ 表示一土样在压力室压力(径向压力)为 $(\sigma_3)_I$、轴向压力为 $(\sigma_1)_I$ 时发生破坏时的总应力圆。若破坏时土样中孔隙水压力为 u,则土样破坏时有效主应力 $\sigma_1' = (\sigma_1)_I - u, \sigma_3' = (\sigma_3)_I - u$。图中虚线应力圆为总应力圆 Ⅰ 相应的有效应力圆,两圆直径相等。图中圆 Ⅱ 是同一种土样的另一个试样在围压 $(\sigma_3)_{II}$ 时进行三轴压缩试验所得到的总应力圆。由于 UU 试验中,土样在压力作用下不发生固结,所以改变压力室压力不会改变土样中的有效应力,而只引起土样中孔隙水压力的改变。由于同组试样在剪切前有效应力相等,在剪切过程中含水量保持不变,有效应力保持不变,因此抗剪强度不变,破坏时的应力圆直径不变。图中的圆 Ⅲ 是在围压 $(\sigma_3)_{III}$ 时进行试验获得的土样破坏时的总应力圆。三个总应力圆所对应的有效应力圆是相同的。

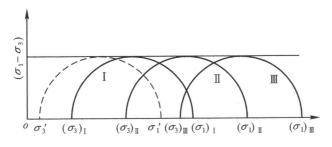

图 5-11　UU 试验的摩尔圆

根据摩尔—库仑定律,有

$$\varphi_u = 0 \tag{5.4.1}$$

$$c_u = \frac{1}{2}(\sigma_1 - \sigma_2) \tag{5.4.2}$$

式中：c_u——土的不排水抗剪强度，kPa。

因为几个土样的不固结不排水三轴试验破坏时有效应力圆只有一个，所以不能由 UU 试验测定相应的有效应力强度指标 c' 和 φ'。UU 试验一般只用于测定饱和黏土不排水抗剪强度 c_u，应用于总应力 $\varphi_u = 0$ 的分析方法中验算地基的稳定性。

2. 固结不排水剪切试验（CU 试验）

试样在施加围压时打开排水阀门，允许排水固结，待固结稳定后关闭排水阀门。然后施加轴向压力，使试样在不排水条件下剪切破坏。固结不排水剪切试验既可以获得土体总应力抗剪强度指标 c_{cu} 和 φ_{cu}，也可以获得有效应力强度指标 c' 和 φ'。如图 5-12 所示为固结不排水试验的摩尔圆和强度包线。

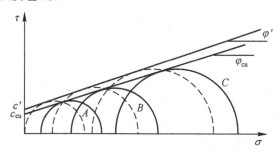

图 5-12　CU 试验的摩尔应力圆

从理论上来讲，试验所得的多个极限应力圆应具有同一公切线，但是实际试验成果整理上，由于土样的不均匀以及试验误差等原因，多个摩尔应力圆并没有公切线，往往需要靠经验判断或数学方法处理做出一条公切线。

3. 固结排水剪切试验（CD 试验）

试样先在围压作用下排水固结，待固结稳定后，再在排水条件下缓慢施加轴向压力，直至土样剪切破坏。理论上在剪切过程中应不让土样中产生超孔隙水压力，但在实际试验中很难达到。一般情况下，通过减小加荷速率，使土样表面超孔隙水压力保持为零，而使土样内部超孔隙水压力降到最低水平。在固结排水试验中，土样中超孔隙水压力为零，因此有效应力和总应力值是相等的。通过 CD 试验测得土体抗剪强度指标常用 c_d 和 φ_d 表示。理论和实践研究表明，由 CD 试验测定的抗剪强度指标 c_d 与由 CU 试验测得的相应的有效应力强度指标 c' 基本相等，但 φ_d 往往比 φ' 值高 1°～2°。

例题 5.2　进行土的三轴压缩试验，得到表 5-1 所示关系，求这个土样的有效应力强度指标 c' 和 φ'。（试验是按固结不排水试验进行的）

表 5-1　三轴压缩试验

固结压力（kPa）	周围压力（kPa）	轴向最大应力差（kPa）	最大应力差时的孔隙水压力（kPa）
100	100	57.1	49.0
200	200	115.9	97.4
300	300	193.8	128.2

解　（1）侧压力 $(\sigma_3)_{\text{I}} = 100\text{kPa}$ 时

$(\sigma_1')_{\text{I}} = (\sigma_1)_{\text{I}} - (u_1)_{\text{I}} = 57.1 + 100 - 49.0 = 108.1$ (kPa)

$(\sigma_3')_{\text{I}} = (\sigma_3)_{\text{I}} - (u)_{\text{I}} = 100 - 49.0 = 51.0$ (kPa)

(2)侧压力$(\sigma_3)_\mathbb{I}=200\text{kPa}$ 时

$\quad(\sigma_1')_\mathbb{I}=(\sigma_1)_\mathbb{I}-(u_1)_\mathbb{I}=115.9+200-97.4=218.5\text{(kPa)}$

$\quad(\sigma_3')_\mathbb{I}=(\sigma_3)_\mathbb{I}-(u_1)_\mathbb{I}=200-97.4=102.6\text{(kPa)}$

(3)侧压力$(\sigma_3)_\mathbb{II}=300\text{kPa}$ 时

$\quad(\sigma_1')_\mathbb{II}=(\sigma_1)_\mathbb{II}-(u_1)_\mathbb{II}=193.8+300-128.2=365.6\text{(kPa)}$

$\quad(\sigma_3')_\mathbb{II}=(\sigma_3)_\mathbb{II}-(u_1)_\mathbb{II}=300-128.2=171.8\text{(kPa)}$

绘制莫尔应力图(如图 5-13 所示)

求得 $c'=0\text{kPa}$；$\varphi'=21°$

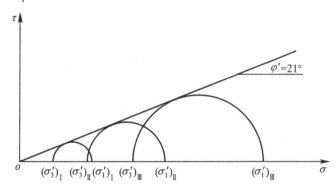

图 5-13　题 5.2 附图

5.4.3　抗剪强度指标的选用

抗剪强度指标的选用应符合工程的实际排水固结情况,可参照以下情况选用。

对于建筑物施工速度较快,而地基土的透水性和排水条件不良的情况,可采用三轴不固结不排水剪或直剪快剪指标。

如果建筑物加荷速率较慢,地基土的透水性、排水条件又好时,则应采用固结排水剪或慢剪指标。

如果建筑物加荷速率较慢,地基土的透水性、排水条件较好,但使用荷载是一次性施加的,此时应采用固结不排水剪或固结快剪指标。

由于建筑物实际加荷情况和地基土的性质都很复杂,且建筑物在施工和使用过程中要经历不同的固结状态,因此,选取强度指标时,还应与实际工程经验结合起来。

5.5　无侧限抗压强度试验

无侧限抗压强度试验如同在三轴仪中进行 $\sigma_3=0$ 不排水剪切试验一样,无侧限抗压试验仪如图 5-14 所示。采用无侧限抗压试验仪进行无侧限抗压强度试验非常方便,在工地现场即可进行。试验时,将圆柱形试样放在如图 5-14 所示的无侧限抗压试验仪中,在不加任何侧向压力的情况下,施加竖向压力,直至试样剪切破坏,剪切破坏时试样所承受的最大轴向压力 q_u 称为无侧限抗压强度。

由于该试验结果只能作出一个极限应力圆,如图 5-15 所示,所以一般难以得到摩尔包线。而对饱和软黏土,根据 UU 试验知道 $\varphi_u=0$,故可利用无侧限抗压强度来测定土的不排

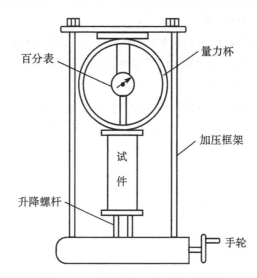

图 5-14 无侧限抗压试验仪示意图

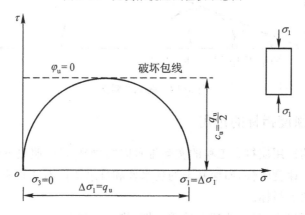

图 5-15 无侧限抗压强度试验结果

水抗剪强度 c_u 值：

$$\tau_f = c_u = \frac{q_u}{2}$$ (5.4.2)

式中：q_u——无侧限抗压强度，kPa；

c_u——土的不排水抗剪强度，kPa。

无侧限抗压试验仪除了可以测定饱和软黏土的不排水抗剪强度 c_u 外，还可以用来测定土的灵敏度 S_t。

三轴压缩试验的突出优点是能较为严格地控制排水条件以及可以量测试样中孔隙水压力的变化。此外，试样中的应力状态也比较明确，破裂面是在最薄弱处，而不像直剪仪那样限定在上下盒的接触面上。

5.6 十字板剪切试验

室内的抗剪强度试验要求取得原状土样，但是由于土样在采取、运输、保存和制备等方面因素的影响而不可避免地受到扰动，从而导致室内试验成果的准确性受到影响，特别是对于高灵敏度的软黏土,更是如此。因此,发展原位测试土样的仪器和方法具有重要的意义。国内被广泛应用的十字板剪切试验就是其中的一种,其测试原理如下:

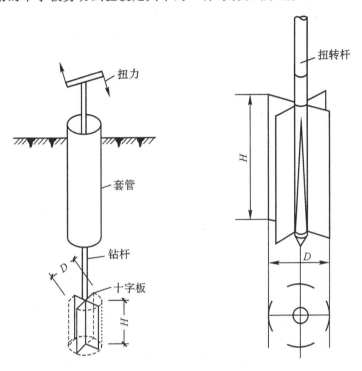

图 5-16　十字板剪切仪示意图

十字板剪切仪的示意图如图 5-16 所示。在钻孔孔底插入规定形状和尺寸的十字板头到指定位置,然后施加扭矩 M 使十字板头等速扭转,直至土体剪切破坏,在土中形成圆柱形破坏面。为了计算分析的方便,可将十字板的剪切面分为两部分:由十字板切成的圆柱面和十字板切成的上下面。设各面土体同时达到破坏极限,由破坏时力的平衡可得到下式:

$$M = \pi DH \cdot \frac{D}{2}\tau_v + 2 \cdot \frac{\pi D^2}{4} \cdot \frac{D}{3} \cdot \tau_H$$

$$= \frac{1}{2}\pi D^2 H\tau_v + \frac{1}{6}\pi D^3 \tau_H \tag{5.4.3}$$

式中:τ_v、τ_H——剪切破坏时圆柱体侧面和上下面土的抗剪强度,kPa;

　　　H——十字板的高度,m;

　　　D——十字板的直径,m。

由于天然地基中,水平面上的固结压力大于侧面的固结压力,所以土体的抗剪强度一般是各向异性的,爱斯(Aas)曾利用不同的 D/H 的十字板剪切仪测定饱和黏性土的抗剪强度,结果表明,对正常固结饱和黏性土,$\tau_v/\tau_H = 1.5 \sim 2.0$;对稍微超固结饱和黏性土,$\tau_v/\tau_H = 1.1$。而在实用上往往假定土体是各向同性的,即 $\tau_v = \tau_H$,于是由式(5.4.3)可得

$$\tau_f = \frac{2M}{\pi D^2 \left(H + \dfrac{D}{3}\right)} \tag{5.4.4}$$

式中:τ_f——现场十字板剪切试验测定的土的抗剪强度,kPa。

十字板剪切试验的优点是构造简单,操作方便,原位测试对土的扰动较小,故在实际中

得到广泛应用。但在软土层中夹有薄砂层时,测试结果可能失真或偏高。

思考题

5-1　试述影响土的抗剪强度的因素有哪些?并分析分别是如何影响的。

5-2　试分析慢剪、固结快剪和快剪试验的适用条件分别是什么。

5-3　试分析什么情况下剪切破坏面与最大应力面是一致的。一般情况下,剪切破坏面与大主应力面成什么样的角度?

5-4　简述固结排水试验指标同固结不排水试验指标的关系。

5-5　简述摩尔—库仑强度理论。

5-6　简述直剪试验的优缺点。

5-7　简述三轴压缩试验的优缺点。

5-8　简述十字板剪切试验的基本原理。

习　题

5-1　对某土样进行直剪试验,在法向压力为 100、200、300kPa 时,测得抗剪强度 τ_f 分别为 52、83、115kPa,求:(1)用作图法确定该土样的抗剪强度指标 c 和 φ;(2)如果在土中的某一平面上作用的法向应力为 260kPa,剪应力为 92kPa,该平面是否会剪切破坏?为什么?

5-2　某饱和黏性土试样在三轴仪中进行固结不排水试验,破坏时的孔隙水压力为 u_f,两个试样的试验结果如下:

试件 I :$\sigma_3 = 200$kPa,$\sigma_1 = 350$kPa,$u_f = 140$kPa

试件 II :$\sigma_3 = 400$kPa,$\sigma_1 = 700$kPa,$u_f = 280$kPa

试求:(1)用作图法确定该黏性土试样的总应力抗剪强度和有效应力抗剪强度;(2)试件 II 破坏面上的法向有效应力和剪应力。

5-3　某正常固结饱和黏性土样,进行不固结不排水试验得 $\varphi_u = 0$,$c_u = 15$kPa,对同样的土进行固结不排水试验得有效应力抗剪强度指标 $c' = 18$kPa,$\varphi' = 10°$。求:

(1)如果试样在不排水条件下剪切破坏,破坏时的有效大主应力和小主应力是多少?

(2)如果试样某一面上的法向应力突然增加到 200kPa,法向应力刚增加时沿这个面的抗剪强度是多少?经过很长时间后沿这个面的抗剪强度又是多少?

5-4　某饱和黏性土由固结不排水试验测得的有效抗剪强度指标为 $c' = 20$kPa,$\varphi' = 20°$。则

(1)如果该土样受到总应力 $\sigma_1 = 200$kPa 和 $\sigma_3 = 120$kPa 的作用,测得孔隙水压力为 $u = 100$kPa,则试样会否破坏?

(2)对试样进行固结排水试验,围压为 $\sigma_3 = 200$kPa,问该试样破坏时应施加多大的偏压?

第6章 土压力及土坡稳定

【学习要点】

1. 掌握静止土压力、主动土压力和被动土压力的定义、产生条件及墙身位移的关系；
2. 了解朗肯土压力理论和库仑土压力理论；
3. 掌握采用朗肯土压力理论计算挡土墙的土压力；
4. 了解土坡失稳的原因及影响土坡稳定的因素；
5. 掌握采用瑞典条分法分析土坡的稳定。

6.1 概　述

挡土墙是用来侧向支撑土体的结构物,在房屋建筑、水利工程、铁路工程以及桥梁中得到广泛应用,例如,支撑建筑物周围填土的挡土墙、地下室侧墙、桥台、板桩以及储藏粒状材料的挡墙等(如图 6-1 所示)。土压力是指挡土墙后的填土因自重或外荷载作用而产生的对墙背的侧向压力。由于土压力是挡土墙的主要外荷载,因此设计挡土墙时需要确定土压力

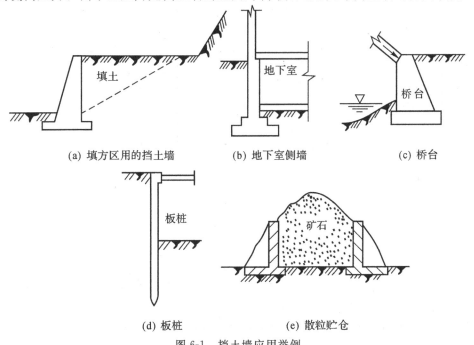

(a) 填方区用的挡土墙　　　(b) 地下室侧墙　　　(c) 桥台

(d) 板桩　　　(e) 散粒贮仓

图 6-1　挡土墙应用举例

的性质、大小、方向和作用点。土压力的计算是个比较复杂的问题,其值与挡土墙可能位移的方向、墙后填土的性质、墙背倾斜方向等因素有关。

土坡是岩土工程中常见的构筑物,它指的是具有倾斜坡面的土体。由于土坡表面倾斜,在本身重量及其他外力作用下,整个土体都有从高处向低处滑动的趋势。如果土体内部某一个面上的滑动力超过土体抵抗滑动的能力,就会发生滑坡。在工程建设中,常见的滑坡有两种类型:一种是天然土坡由于水流冲刷、地壳运动或人类活动破坏了它原来的地质条件而产生滑坡,通常采用地质条件对比法来衡量其稳定的程度;另一种是开挖或填筑的人工土坡,由于设计的坡度太陡或工作条件变化改变了土体内部的应力状态,使局部区域出现剪切破坏,发展成一条连贯的剪切破坏面,土体的稳定平衡状态遭到破坏,因而发生滑坡。本章讨论的内容主要为上面的第二种类型的土坡。土坡的坍塌常造成严重的工程事故,并危及人身安全,因此应验算土坡的稳定性并根据需要采取适当的工程措施加固土坡。

6.2 静止土压力计算

6.2.1 三种土压力

挡土墙土压力的大小及其分布规律受到墙体可能的移动方向、墙后填土的种类、填土面的形式、墙的截面刚度和地基的变形等一系列因素的影响,但挡土墙的位移方向和位移量是计算中要考虑的主要因素。根据挡土墙的位移情况和墙后土体所处的状态,土压力可分为以下三种。

(1)静止土压力:当挡土墙静止不动,在土压力的作用下不向任何方向发生移动,墙后土体处于弹性平衡状态,该种情况下作用在挡土墙上的土压力称为静止土压力,一般用 E_0 表示,如图 6-2(a)所示。地下室外墙可视为受静止土压力的作用。

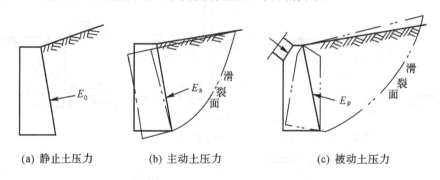

(a) 静止土压力   (b) 主动土压力   (c) 被动土压力

图 6-2 挡土墙上的三种土压力

(2)主动土压力:若挡土墙向离开土体方向偏移,墙后土压力逐渐减小,当挡土墙偏移至墙后土体达到极限平衡状态时,作用在挡土墙上的土压力称为主动土压力,一般用 E_a 表示,如图 6-2(b)所示。

(3)被动土压力:若挡土墙在外力作用下向土体方向偏移,墙后土压力逐渐增大,当挡土墙偏移至土体达到极限平衡状态时,作用在挡土墙上的土压力称为被动土压力,一般用 E_p 表示,如图 6-2(c)所示。桥台受到桥上荷载推向土体时,土对桥台产生的侧压力属被动土压力。

上述三种土压力产生的条件及其与挡土墙位移的关系见图 6-3 所示。试验研究表明，在相同条件下，主动土压力小于静止土压力，而静止土压力又小于被动土压力，即有

$$E_a < E_0 < E_p \tag{6.2.1}$$

而且，产生主动土压力所需的挡土墙位移量 Δ_a 比产生被动土压力所需的挡土墙位移量 Δ_p 小得多。

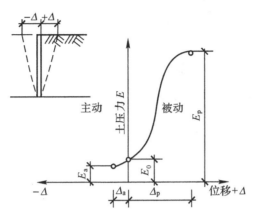

图 6-3 挡土墙位移与土压力的关系

6.2.2 静止土压力

静止土压力可按下面所述方法计算。在均质填土表面下任意深度处取一微小单元体（如图 6-4 所示），其上作用着竖向的土自重应力 γz，则该处的静止土压力强度按式（6.2.2）计算：

$$\sigma_0 = K_0 \gamma z \tag{6.2.2}$$

式中：K_0 为静止土压力系数或称为土的侧压力系数，可近似按 $K_0 = 1 - \sin\varphi'$（φ' 为土的有效内摩擦角）计算；γ 为墙后填土重度（水位以下用浮重度）。

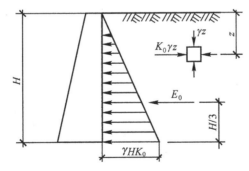

图 6-4 静止土压力的分布

由式（6.2.2）可知，静止土压力沿墙高为三角形分布。如图 6-4 所示，若取单位长度的挡土墙进行计算，则作用在墙上的静止土压力为

$$E_0 = \frac{1}{2}\gamma H^2 K_0 \tag{6.2.3}$$

式中：H 为挡土墙高度；其余符号同前。E_0 的作用点在距墙底 $H/3$ 处。

6.3　朗肯土压力计算

朗肯土压力理论是根据半空间的应力状态和土的极限平衡条件而得出的土压力计算方法,即将土中某一点的极限平衡条件应用到挡土墙的土压力计算。

朗肯土压力理论的基本假设为:(1)挡土墙是无限均质土体的一部分;(2)墙背垂直光滑;(3)墙后填土面是水平的。

6.3.1　朗肯主动土压力计算

根据第 5 章土的强度理论,当土体中某点处于极限平衡状态时,大主应力 σ_1 和小主应力 σ_3 之间应满足以下关系式。

无黏性土:
$$\sigma_1 = \sigma_3 \tan^2\left(45° + \frac{\varphi}{2}\right) \tag{6.3.1}$$

或
$$\sigma_3 = \sigma_1 \tan^2\left(45° - \frac{\varphi}{2}\right) \tag{6.3.2}$$

黏性土:
$$\sigma_1 = \sigma_3 \tan^2\left(45° + \frac{\varphi}{2}\right) + 2c\tan\left(45° + \frac{\varphi}{2}\right) \tag{6.3.3}$$

或
$$\sigma_3 = \sigma_1 \tan^2\left(45° - \frac{\varphi}{2}\right) - 2c\tan\left(45° - \frac{\varphi}{2}\right) \tag{6.3.4}$$

对于如图 6-5 所示的挡土墙,当挡土墙偏离土体(即向左移动)时,墙后土体离地表为任意深度处的竖向应力 $\sigma_{cz} = \gamma z$ 不变,也即大主应力保持不变;而墙后土体在水平方向有伸张的趋势,随着土体的受拉伸张,水平应力 σ_{cx} 逐渐减少直至墙后土体产生连续滑动面,达到朗肯主动状态,见图 6-6 所示。此时,σ_{cx} 是小主应力 σ_3,也就是主动土压力强度 σ_a,而竖向应力 σ_{cz} 为大主应力 σ_1。由极限平衡条件式(6.3.2)和(6.3.4)得

无黏性土主动土压力强度:
$$\sigma_a = \gamma z \tan^2\left(45° - \frac{\varphi}{2}\right)$$

或
$$\sigma_a = \gamma z K_a \tag{6.3.5}$$

黏性土主动土压力强度:

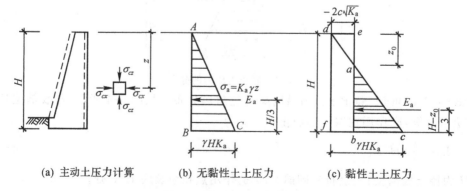

(a) 主动土压力计算　　(b) 无黏性土土压力　　(c) 黏性土土压力

图 6-5　主动土压力分布图

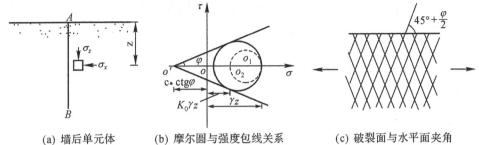

(a) 墙后单元体 (b) 摩尔圆与强度包线关系 (c) 破裂面与水平面夹角

图 6-6 朗肯主动土压力状态

$$\sigma_a = \gamma z \tan^2\left(45° - \frac{\varphi}{2}\right) - 2c\tan\left(45° - \frac{\varphi}{2}\right)$$

或

$$\sigma_a = \gamma z K_a - 2c\sqrt{K_a} \tag{6.3.6}$$

式中：K_a 为主动土压力系数，其表示式为 $K_a = \tan^2\left(45° - \frac{\varphi}{2}\right)$；$\gamma$ 为墙后填土的重度（地下水位以下采用有效重度），单位：kN/m^3；c 为填土的黏聚力，单位：kPa；φ 为填土的内摩擦角，单位：°；z 为计算点离填土面的深度，单位：m。

由式（6.3.5）可知，无黏性土的主动土压力强度与 z 成正比，沿墙高的压力分布为三角形，如图 6-5(b) 所示，如取单位长度的挡土墙进行计算，则主动土压力为

$$E_a = \frac{1}{2}\gamma H^2 \tan^2\left(45° - \frac{\varphi}{2}\right)$$

或

$$E_a = \frac{1}{2}\gamma H^2 K_a \tag{6.3.7}$$

E_a 通过三角形的形心，亦即作用在离墙底 $H/3$ 处。

由式（6.3.6）可知，黏性土的主动土压力强度包括两部分：一部分是由土自重引起的正侧土压力 $\gamma z K_a$（图 6-5 中 abc 部分），另一部分是由黏聚力 c 引起的负侧土压力 $2c\sqrt{K_a}$（图 6-5 中 ade 部分）。这两部分土压力叠加的结果如图 6-5(c) 所示。值得注意的是，ade 部分是负侧压力，对墙背是拉力，但实际上挡土墙与土在很小的拉力作用下就会分离，故在计算土压力时，这部分略去不计。因此，黏性土的主动土压力分布仅是 abc 部分。

图 6-5 中 a 点处的土压力为零，该点离填土面的深度 z_0 称为临界深度，在填土面无荷载的条件下，可令式（6.3.6）为零求得值 z_0，即

$$\sigma_a = \gamma z_0 K_a - 2c\sqrt{K_a} = 0$$

得

$$z_0 = \frac{2c}{\gamma\sqrt{K_a}} \tag{6.3.8}$$

如取单位长度的挡土墙进行计算，则主动土压力 E_a 为

$$E_a = \frac{1}{2}(H - z_0)(\gamma H K_a - 2c\sqrt{K_a})$$

将式（6.3.8）代入上式得

$$E_a = \frac{1}{2}\gamma H^2 K_a - 2cH\sqrt{K_a} + \frac{2c^2}{\gamma} \tag{6.3.9}$$

主动土压力 E_a 通过在三角形压力分布图 abc 的形心,亦即作用在离墙底 $(H-z_0)/3$ 处。

6.3.2　朗肯被动土压力计算

当墙受到外力作用而推向土体时,如图 6-7(a)所示,填土中任意一点的竖向应力 $\sigma_{cz}=\gamma z$ 仍不变;而墙后土体在水平方向有压缩的趋势,水平向应力 σ_{cx} 逐渐增大,直至达到朗肯被动状态,如图 6-8 所示。此时,σ_{cx} 达到最大限值,为大主应力 σ_1,也就是被动土压力强度 σ_p,而竖向应力 σ_{cz} 为小主应力 σ_3。由式(6.3.1)和式(6.3.3)可得

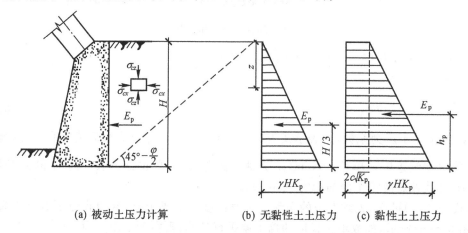

(a) 被动土压力计算　　　　(b) 无黏性土土压力　　　　(c) 黏性土土压力

图 6-7　被动土压力分布

无黏性土被动土压力强度:
$$\sigma_p = \gamma z K_p \tag{6.3.6}$$
黏性土被动土压力强度:
$$\sigma_p = \gamma z K_p + 2c\sqrt{K_p} \tag{6.3.7}$$

式中:K_p 为被动土压力系数,其表示式为 $K_p = \tan^2\left(45° + \dfrac{\varphi}{2}\right)$,其余符号同前。

由式(6.3.6)和式(6.3.7)可知,无黏性土的被动土压力强度呈三角形分布(如图 6-7(b)所示),黏性土的被动土压力强度则呈梯形分布(如图 6-7(c)所示)。如取单位长度的挡土墙进行计算,则被动土压力可由下式计算。

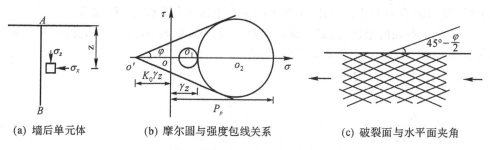

(a) 墙后单元体　　　　(b) 摩尔圆与强度包线关系　　　　(c) 破裂面与水平面夹角

图 6-8　朗肯被动土压力状态

无黏性土:
$$E_p = \frac{1}{2}\gamma H^2 K_p \tag{6.3.8}$$

黏性土:

$$E_{\text{p}} = \frac{1}{2}\gamma H^2 K_{\text{p}} + 2cH\sqrt{K_{\text{p}}} \tag{6.3.9}$$

被动土压力 E_{p} 通过三角形或梯形压力分布图的形心,距挡土墙底 h_{p}。

6.4　库仑土压力计算

库仑土压力理论是根据墙后土体处于极限平衡状态并形成一滑动楔体时,由楔体的静力平衡条件得出的土压力计算理论。

库仑土压力理论的基本假设为:(1)挡土墙是刚性的,墙后的填土是理想的散粒体(即黏聚力 $c=0$);(2)当墙身向前或向后移动以产生主动土压力或被动土压力时的滑动楔体是沿着墙背和一个通过墙踵的平面发生滑动;(3)滑动土楔体可视为刚体。

挡土墙土压力的计算,一般作为平面问题考虑,故在下述讨论中仍均沿墙的长度方向取单位长度(1m)进行分析。

6.4.1　库仑主动土压力计算

库仑主动土压力的计算简图见图 6-9,墙高为 H,墙背俯斜与垂线的夹角为 α,墙后填土为砂土,填土与水平面的夹角为 β,墙背与填土间的摩擦角(外摩擦角)为 δ。当墙向前移动或转动而使墙后土体处于主动极限平衡状态时,墙后土体形成一滑动土楔 ABC,其破裂面为通过墙踵 B 点的平面 BC,破裂面与水平面的夹角为 θ。此时,作用于土楔 ABC 上的力有:

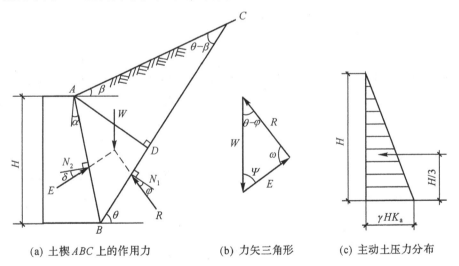

(a) 土楔 ABC 上的作用力　　(b) 力矢三角形　　(c) 主动土压力分布

图 6-9　库仑主动土压力计算图

(1)土楔体的自重 $W = S_{\triangle ABC} \cdot \gamma$,$\gamma$ 为填土的重度,只要破坏面 BC 的位置一确定,W 的大小即可计算,其方向为竖直向下,见图 6-9(a)。

(2)破坏面 BC 上的反力 R,其大小是未知的,但其方向则是已知的。反力 R 与破坏面 BC 的法线 N_1 之间的夹角等于土的内摩擦角 φ,并位于 N_1 的下侧,见图 6-9(a)所示。

(3)墙背对土楔体的反力 E,与它大小相等、方向相反的作用力就是墙背上的土压力。反力 E 的方向必与墙背的法线 N_2 成 δ 角,δ 角为墙背与填土之间的摩擦角,称为外摩擦角。当土楔下滑时,墙对土楔的阻力是向上的,故反力 E 必在 N_2 的下侧,见图 6-9(a)所示。

土楔体在上述三力作用下处于静力平衡状态,因此必构成一闭合的力矢三角形,见图 6-9(b),根据正弦定律可得

$$E = W \frac{\sin(\theta-\varphi)}{\sin[180°-(\theta-\varphi+\psi)]} = W \frac{\sin(\theta-\varphi)}{\sin(\theta-\varphi+\psi)} \tag{6.4.1}$$

式中:$\psi=90°-\alpha-\delta$,其余符号如图 6-9 所示。

土楔重

$$W = \gamma \cdot S_{\triangle ABC} = \gamma \cdot \frac{1}{2} \overline{BC} \cdot \overline{AD} \tag{6.4.2}$$

在三角形 ABC 中,利用正弦定律可得

$$\overline{BC} = \overline{AB} \cdot \frac{\sin(90°-\alpha+\beta)}{\sin(\theta-\beta)}$$

又因为 $\overline{AB} = \dfrac{H}{\cos\alpha}$,故

$$\overline{BC} = H \cdot \frac{\cos(\alpha-\beta)}{\cos\alpha \cdot \sin(\theta-\beta)} \tag{6.4.3}$$

通过 A 点作 AD 线垂直于 BC,由 $\triangle ADB$ 得

$$\overline{AD} = \overline{AB} \cdot \cos(\theta-\alpha) = H \cdot \frac{\cos(\theta-\alpha)}{\cos\alpha} \tag{6.4.4}$$

将式(6.4.3)和式(6.4.4)代入式(6.4.2)得

$$W = \frac{\gamma H^2}{2} \cdot \frac{\cos(\alpha-\beta) \cdot \cos(\theta-\alpha)}{\cos^2\alpha \cdot \sin(\theta-\varphi)} \tag{6.4.5}$$

将式(6.4.5)代入式(6.4.1)得 E 的表达式为

$$E = \frac{\gamma H^2}{2} \cdot \frac{\cos(\alpha-\beta) \cdot \cos(\theta-\alpha) \cdot \sin(\theta-\varphi)}{\cos^2\alpha \cdot \sin(\theta-\varphi) \cdot \sin(\theta-\varphi+\psi)} \tag{6.4.6}$$

在式(6.4.6)中,γ、H、α、β、φ 和 δ 都是已知的,仅滑动面 BC 与水平面的倾角 θ 则是任意假定的。因此,假定不同的滑动面可以得出一系列相应的土压力 E 值,也就是说,E 是 θ 的函数。E 的最大值 E_{max} 即为墙背的主动土压力,其所对应的滑动面即是土楔最危险的滑动面。为求主动土压力,令

$$\frac{dE}{d\theta} = 0$$

从而解得使 E 为极大值时填土的破坏角 θ_{cr},即真正滑动面的倾角。将 θ_{cr} 代入式(6.4.6),整理后可得库仑主动土压力的一般表达式:

$$E_a = \frac{\gamma H^2}{2} \cdot \frac{\cos^2(\varphi-\alpha)}{\cos^2\alpha \cdot \cos(\alpha+\delta) \cdot \left[1+\sqrt{\dfrac{\sin(\varphi+\delta) \cdot \sin(\varphi-\beta)}{\cos(\alpha+\delta) \cdot \cos(\alpha-\beta)}}\right]^2} \tag{6.4.7}$$

令

$$K_a = \frac{\cos^2(\varphi-\alpha)}{\cos^2\alpha \cdot \cos(\alpha+\delta) \cdot \left[1+\sqrt{\dfrac{\sin(\varphi+\delta) \cdot \sin(\varphi-\beta)}{\cos(\alpha+\delta) \cdot \cos(\alpha-\beta)}}\right]^2} \tag{6.4.8}$$

则

$$E_a = \frac{1}{2}\gamma H^2 K_a \tag{6.4.9}$$

式中:K_a 为库仑主动土压力系数,可查表 6-1 确定;H 为挡土墙高度,m;γ 为墙后填土的重度,kN/m^3;φ 为墙后填土的内摩擦角,°;α 为墙背的倾斜角,°,俯斜时取正号,仰斜为负号;β 为墙后填土面的倾角,°;δ 为土对挡土墙背的摩擦角,查表 6-2 确定。

表 6-1　库仑主动土压力系数 K_a 值

$\delta = 0°$

α	β \ φ	15°	20°	25°	30°	35°	40°	45°	50°
0°	0°	0.589	0.490	0.406	0.333	0.271	0.217	0.172	0.132
	5°	0.635	0.524	0.431	0.352	0.284	0.227	0.178	0.137
	10°	0.704	0.569	0.462	0.374	0.300	0.238	0.186	0.142
	15°	0.933	0.639	0.505	0.402	0.319	0.251	0.194	0.147
	20°		0.883	0.573	0.441	0.344	0.267	0.204	0.154
	25°			0.821	0.505	0.379	0.288	0.217	0.162
	30°				0.750	0.436	0.318	0.235	0.172
	35°					0.671	0.369	0.260	0.186
	40°						0.587	0.303	0.206
	45°							0.500	0.242
	50°								0.413
10°	0°	0.652	0.560	0.478	0.407	0.343	0.288	0.238	0.194
	5°	0.705	0.601	0.510	0.431	0.362	0.302	0.249	0.202
	10°	0.784	0.655	0.550	0.461	0.384	0.318	0.261	0.211
	15°	1.039	0.737	0.603	0.498	0.411	0.337	0.274	0.221
	20°		1.015	0.685	0.548	0.444	0.360	0.291	0.231
	25°			0.977	0.628	0.491	0.391	0.311	0.245
	30°				0.925	0.566	0.433	0.337	0.262
	35°					0.860	0.502	0.374	0.284
	40°						0.785	0.437	0.316
	45°							0.703	0.371·
	50°								0.614
20°	0°	0.736	0.648	0.569	0.498	0.434	0.375	0.322	0.274
	5°	0.801	0.700	0.611	0.532	0.461	0.397	0.340	0.288
	10°	0.896	0.768	0.663	0.572	0.492	0.421	0.358	0.302
	15°	1.196	0.868	0.730	0.621	0.529	0.450	0.380	0.318
	20°		1.205	0.834	0.688	0.576	0.484	0.405	0.337
	25°			1.196	0.791	0.639	0.527	0.435	0.358
	30°				1.169	0.740	0.586	0.474	0.385
	35°					1.124	0.683	0.529	0.420
	40°						1.064	0.620	0.469
	45°							0.990	0.552
	50°								0.904
−10°	0°	0.540	0.433	0.344	0.270	0.209	0.158	0.117	0.083
	5°	0.581	0.461	0.364	0.284	0.218	0.164	0.120	0.085
	10°	0.644	0.500	0.389	0.301	0.229	0.171	0.125	0.088
	15°	0.860	0.562	0.425	0.322	0.243	0.180	0.130	0.090
	20°		0.785	0.482	0.353	0.261	0.190	0.136	0.094
	25°			0.703	0.405	0.287	0.205	0.144	0.098
	30°				0.614	0.331	0.226	0.155	0.104
	35°					0.523	0.263	0.171	0.111
	40°						0.433	0.200	0.123
	45°							0.344	0.145
	50°								0.262

续表

α	β＼φ	15°	20°	25°	30°	35°	40°	45°	50°
−20°	0°	0.497	0.380	0.287	0.212	0.153	0.106	0.070	0.043
	5°	0.535	0.405	0.302	0.222	0.159	0.110	0.072	0.044
	10°	0.595	0.439	0.323	0.234	0.166	0.114	0.074	0.045
	15°	0.809	0.494	0.352	0.250	0.175	0.119	0.076	0.046
	20°		0.707	0.401	0.274	0.188	0.125	0.080	0.047
	25°			0.603	0.316	0.206	0.134	0.084	0.049
	30°				0.498	0.239	0.147	0.090	0.051
	35°					0.396	0.172	0.099	0.055
	40°						0.301	0.116	0.060
	45°							0.215	0.071
	50°								0.141

$\delta\doteq10°$

α	β＼φ	15°	20°	25°	30°	35°	40°	45°	50°
0°	0°	0.533	0.447	0.373	0.309	0.253	0.204	0.163	0.127
	5°	0.585	0.483	0.398	0.327	0.266	0.214	0.169	0.131
	10°	0.664	0.531	0.431	0.350	0.282	0.225	0.177	0.136
	15°	0.947	0.609	0.476	0.379	0.301	0.238	0.185	0.141
	20°		0.897	0.549	0.420	0.326	0.254	0.195	0.148
	25°			0.834	0.487	0.363	0.275	0.209	0.156
	30°				0.762	0.423	0.306	0.226	0.166
	35°					0.681	0.359	0.252	0.180
	40°						0.596	0.297	0.201
	45°							0.508	0.238
	50°								0.420
10°	0°	0.603	0.520	0.448	0.384	0.326	0.275	0.230	0.189
	5°	0.665	0.566	0.482	0.409	0.346	0.290	0.240	0.197
	10°	0.759	0.626	0.524	0.440	0.369	0.307	0.253	0.206
	15°	1.089	0.721	0.582	0.480	0.396	0.326	0.267	0.216
	20°		10.64	0.674	0.534	0.432	0.351	0.284	0.227
	25°			1.024	0.622	0.482	0.382	0.304	0.241
	30°				0.969	0.564	0.427	0.332	0.258
	35°					0.901	0.503	0.371	0.281
	40°						0.823	0.438	0.315
	45°							0.736	0.374
	50°								0.644
20°	0°	0.695	0.615	0.543	0.478	0.419	0.365	0.316	0.271
	5°	0.773	0.674	0.589	0.515	0.448	0.388	0.334	0.285
	10°	0.890	0.752	0.646	0.558	0.482	0.414	0.354	0.300
	15°	1.298	0.872	0.723	0.613	0.522	0.444	0.377	0.317
	20°		1.308	0.844	0.687	0.573	0.481	0.403	0.337
	25°			1.298	0.806	0.643	0.528	0.436	0.360
	30°				1.268	0.758	0.594	0.478	0.388
	35°					1.220	0.702	0.539	0.426
	40°						1.155	0.640	0.480
	45°							1.074	0.572
	50°								0.981

α	β \ φ	15°	20°	25°	30°	35°	40°	45°	50°
−10°	0°	0.477	0.385	0.309	0.245	0.191	0.146	0.109	0.078
	5°	0.521	0.414	0.329	0.258	0.200	0.152	0.112	0.080
	10°	0.590	0.455	0.354	0.275	0.211	0.159	0.116	0.082
	15°	0.847	0.520	0.390	0.297	0.224	0.167	0.121	0.085
	20°		0.773	0.450	0.328	0.242	0.177	0.127	0.088
	25°			0.692	0.380	0.268	0.191	0.135	0.093
	30°				0.602	0.313	0.212	0.146	0.098
	35°					0.516	0.249	0.162	0.106
	40°						0.426	0.191	0.117
	45°							0.339	0.139
	50°								0.258
−20°	0°	0.427	0.330	0.252	0.188	0.137	0.096	0.064	0.039
	5°	0.466	0.354	0.267	0.197	0.143	0.099	0.066	0.040
	10°	0.529	0.388	0.286	0.209	0.149	0.103	0.068	0.041
	15°	0.772	0.445	0.315	0.225	0.158	0.108	0.070	0.042
	20°		0.675	0.364	0.248	0.170	0.114	0.073	0.044
	25°			0.575	0.288	0.188	0.122	0.077	0.045
	30°				0.475	0.220	0.135	0.082	0.047
	35°					0.378	0.159	0.091	0.051
	40°						0.288	0.108	0.056
	45°							0.205	0.066
	50°								0.135

$$\delta = 15°$$

α	β \ φ	15°	20°	25°	30°	35°	40°	45°	50°
0°	0°	0.518	0.434	0.363	0.301	0.248	0.201	0.160	0.125
	5°	0.571	0.471	0.389	0.320	0.261	0.211	0.167	0.130
	10°	0.656	0.522	0.423	0.343	0.277	0.222	0.174	0.135
	15°	0.966	0.603	0.470	0.373	0.297	0.235	0.183	0.140
	20°		0.914	0.546	0.415	0.323	0.251	0.194	0.147
	25°			0.850	0.485	0.360	0.273	0.207	0.155
	30°				0.777	0.422	0.305	0.225	0.165
	35°					0.695	0.359	0.251	0.179
	40°						0.608	0.298	0.200
	45°							0.518	0.238
	50°								0.428
10°	0°	0.592	0.511	0.441	0.378	0.323	0.273	0.228	0.189
	5°	0.658	0.559	0.476	0.405	0.343	0.288	0.240	0.197
	10°	0.760	0.623	0.520	0.437	0.366	0.305	0.252	0.206
	15°	1.129	0.723	0.581	0.478	0.395	0.325	0.267	0.216
	20°		1.103	0.679	0.535	0.432	0.351	0.284	0.228
	25°			1.062	0.628	0.484	0.383	0.305	0.242
	30°				1.005	0.571	0.430	0.334	0.260
	35°					0.935	0.509	0.375	0.284
	40°						0.853	0.445	0.319
	45°							0.763	0.380
	50°								0.668

续表

α	β	φ 15°	20°	25°	30°	35°	40°	45°	50°
20°	0°	0.690	0.611	0.540	0.476	0.419	0.366	0.317	0.273
	5°	0.774	0.673	0.588	0.514	0.449	0.389	0.336	0.287
	10°	0.904	0.757	0.649	0.560	0.484	0.416	0.357	0.303
	15°	1.372	0.889	0.731	0.618	0.526	0.448	0.380	0.321
	20°		1.383	0.862	0.697	0.579	0.486	0.408	0.341
	25°			1.372	0.825	0.655	0.536	0.442	0.365
	30°				1.341	0.778	0.606	0.487	0.395
	35°					1.290	0.722	0.551	0.435
	40°						1.221	0.659	0.492
	45°							1.136	0.590
	50°								1.037
−10°	0°	0.458	0.371	0.298	0.237	0.186	0.142	0.106	0.076
	5°	0.503	0.400	0.318	0.251	0.195	0.148	0.110	0.078
	10°	0.576	0.442	0.344	0.267	0.205	0.155	0.114	0.081
	15°	0.850	0.509	0.380	0.289	0.219	0.163	0.119	0.084
	20°		0.776	0.441	0.320	0.237	0.174	0.125	0.087
	25°			0.695	0.374	0.263	0.188	0.133	0.091
	30°				0.607	0.308	0.209	0.143	0.097
	35°					0.518	0.246	0.159	0.104
	40°						0.428	0.189	0.116
	45°							0.341	0.137
	50°								0.259
−20°	0°	0.405	0.314	0.240	0.180	0.132	0.093	0.062	0.038
	5°	0.445	0.338	0.255	0.189	0.137	0.096	0.064	0.039
	10°	0.509	0.372	0.275	0.201	0.144	0.100	0.066	0.040
	15°	0.763	0.429	0.303	0.216	0.152	0.104	0.068	0.041
	20°		0.667	0.352	0.239	0.164	0.110	0.071	0.042
	25°			0.568	0.280	0.182	0.119	0.075	0.044
	30°				0.470	0.214	0.131	0.080	0.046
	35°					0.374	0.155	0.089	0.049
	40°						0.284	0.105	0.055
	45°							0.203	0.065
	50°								0.133

$\delta = 20°$

α	β	φ 15°	20°	25°	30°	35°	40°	45°	50°
0°	0°			0.357	0.297	0.245	0.199	0.160	0.125
	5°			0.384	0.317	0.259	0.209	0.166	0.130
	10°			0.419	0.340	0.275	0.220	0.174	0.135
	15°			0.467	0.371	0.295	0.234	0.183	0.140
	20°			0.547	0.414	0.322	0.251	0.193	0.147
	25°			0.874	0.487	0.360	0.273	0.207	0.155
	30°				0.798	0.425	0.306	0.225	0.166
	35°					0.714	0.362	0.252	0.180
	40°						0.625	0.300	0.202
	45°							0.532	0.241
	50°								0.440

续表

α	β＼φ	15°	20°	25°	30°	35°	40°	45°	50°
10°	0°			0.438	0.377	0.322	0.273	0.229	0.190
	5°			0.475	0.404	0.343	0.289	0.241	0.198
	10°			0.521	0.438	0.367	0.306	0.254	0.208
	15°			0.586	0.480	0.397	0.328	0.269	0.218
	20°			0.690	0.540	0.436	0.354	0.286	0.230
	25°			1.111	0.639	0.490	0.388	0.309	0.245
	30°				1.051	0.582	0.437	0.338	0.264
	35°					0.978	0.520	0.381	0.288
	40°						0.893	0.456	0.325
	45°							0.799	0.389
	50°								0.699
20°	0°			0.543	0.479	0.422	0.370	0.321	0.277
	5°			0.594	0.520	0.454	0.395	0.341	0.292
	10°			0.659	0.568	0.490	0.423	0.363	0.309
	15°			0.747	0.629	0.535	0.456	0.387	0.327
	20°			0.891	0.715	0.592	0.496	0.417	0.349
	25°			1.467	0.854	0.673	0.549	0.453	0.374
	30°				1.434	0.807	0.624	0.501	0.406
	35°					1.379	0.750	0.569	0.448
	40°						1.305	0.685	0.509
	45°							1.214	0.615
	50°								1.109
−10°	0°			0.291	0.232	0.182	0.140	0.105	0.076
	5°			0.311	0.245	0.191	0.146	0.108	0.078
	10°			0.337	0.262	0.202	0.153	0.113	0.080
	15°			0.374	0.284	0.215	0.161	0.117	0.083
	20°			0.437	0.316	0.233	0.171	0.124	0.086
	25°			0.703	0.371	0.260	0.186	0.131	0.090
	30°				0.614	0.306	0.207	0.142	0.096
	35°					0.524	0.245	0.158	0.103
	40°						0.433	0.188	0.115
	45°							0.344	0.137
	50°								0.262
−20°	0°			0.231	0.174	0.128	0.090	0.061	0.038
	5°			0.246	0.183	0.133	0.094	0.062	0.038
	10°			0.266	0.195	0.140	0.097	0.064	0.039
	15°			0.294	0.210	0.148	0.102	0.067	0.040
	20°			0.344	0.233	0.160	0.108	0.069	0.042
	25°			0.566	0.274	0.178	0.116	0.073	0.043
	30°				0.468	0.210	0.129	0.079	0.045
	35°					0.373	0.153	0.087	0.049
	40°						0.283	0.104	0.054
	45°							0.202	0.064
	50°								0.133

表 6-2 土对挡土墙背的摩擦角

挡土墙情况	摩擦角 δ
墙背平滑、排水不良	$(0\sim0.33)\varphi$
墙背粗糙、排水良好	$(0.33\sim0.5)\varphi$
墙背很粗糙、排水良好	$(0.5\sim0.67)\varphi$
墙背与填土间不可能滑动	$(0.67\sim1.0)\varphi$

注：φ 为墙背填土的内摩擦角。

当墙背垂直($\alpha=0$)、光滑($\delta=0$)，填土面水平($\beta=0$)时，式(6.4.7)可写为

$$E_a = \frac{1}{2}\gamma H^2 \tan^2\left(45° - \frac{\varphi}{2}\right)$$

可见，在上述条件下，库仑主动土压力公式与朗肯主动土压力公式相同。由此可见，朗肯土压力理论是库仑土压力理论的特殊情况。

由式(6.4.9)可知，主动土压力 E_a 与墙高的平方成正比，为求得离墙顶为任意深度 z 处的主动土压力强度 σ_a，可将 E_a 对 z 取导数，即

$$\sigma_a = \frac{dE_a}{dz} = \frac{d}{dz}\left(\frac{1}{2}\gamma z^2 K_a\right) = \gamma z K_a$$

由上式可见，主动土压力强度沿墙高成三角形分布，见图 6-9(c)。主动土压力的作用点在离墙底 $H/3$ 处，方向与墙背法线的夹角为 δ。必须注意，在图 6-9(c)中所示的土压力分布图只表示其大小，而不代表其作用方向。

6.4.2 库仑被动土压力计算

挡土墙在外力作用下向填土方向移动或转动，如图 6-11 所示，直至土体沿某一破裂面 BC 破坏时，土楔 ABC 向上滑动，并处于被动极限平衡状态时，竖向应力 σ_{cz} 保持不变，是小主应力。而水平应力 σ_{cx} 逐渐增大，直至达到最大值，故水平应力是大主应力，也就是被动土压力。此时，土楔 ABC 在其自重 W、反力 R 和土压力 E 的作用下平衡，R 和 E 的方向都分别在 BC 和 AB 面法线的上方。按上述求主动土压力同样的原理可求得被动土压力的库仑公式为

$$E_p = \frac{1}{2}\gamma H^2 K_p \tag{6.4.10}$$

式中被动土压力系数

$$K_p = \frac{\cos^2(\varphi+\alpha)}{\cos^2\alpha \cdot \cos(\alpha-\delta) \cdot \left[1 - \sqrt{\dfrac{\sin(\varphi+\delta)\cdot\sin(\varphi+\beta)}{\cos(\alpha-\delta)\cdot\cos(\alpha-\beta)}}\,\right]^2} \tag{6.4.11}$$

其余符号同前。

如($\alpha=0$)、光滑($\delta=0$)，填土面水平($\beta=0$)时，则式(6.4.10)变为

$$E_p = \frac{1}{2}\gamma H^2 \tan^2\left(45° + \frac{\varphi}{2}\right) \tag{6.4.12}$$

可见，在上述条件下，库仑被动土压力公式也与朗肯被动土压力公式相同。

被动土压力强度可按下式计算：

$$\sigma_p = \frac{dE_p}{dz} = \frac{d}{dz}\left(\frac{1}{2}\gamma z^2 K_p\right) = \gamma z K_p \tag{6.4.13}$$

被动土压力强度沿墙高也呈三角形分布,见图 6-11(c),土压力的作用点在距离墙底处。

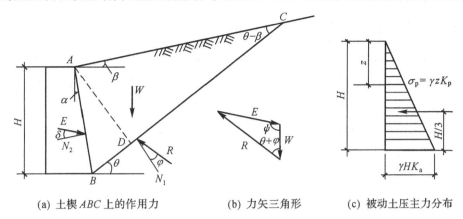

(a) 土楔 ABC 上的作用力   (b) 力矢三角形   (c) 被动土压主力分布

图 6-11 库仑被动土压力计算

6.5 常见条件下的土压力计算

6.5.1 填土中有地下水时的土压力计算

挡土墙后的填土常会部分或全部处于地下水位以下,由于地下水的存在将使土的含水量增加,抗剪强度降低,而使土压力增大。因此,挡土墙应该有良好的排水措施。

当墙后填土有地下水时,作用在墙背上的侧压力有土压力和水压力两部分,计算压力时假设地下水位上下土的内摩擦角 φ、墙与土之间的摩擦角 δ 相同,水位以下要用浮重度 γ'。以无黏性填土为例,如图 6-12 所示,$abdec$ 部分为土压力分布图,cef 部分为水压力分布图,总侧压力为土压力和水压力之和。

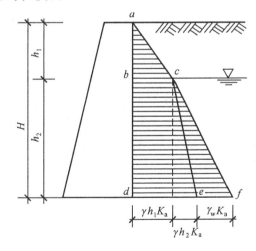

图 6-12 填土中有地下水的土压力计算

土压力强度分布:

$$\sigma_a = K_a \gamma h_1 + K_a \gamma' h_2 \qquad (6.4.14)$$

水压力强度分布:

$$p_w = \gamma_w h_2$$

6.5.2 成层土条件下的土压力计算

如图 6-13 所示的挡土墙,墙后有 3 层不同种类的水平土层,以无黏性填土($\varphi_1 < \varphi_2$)为例。在计算土压力时,第一层的土压力按均质土计算,土压力的分布为图 6-13 中的 abc 部分。计算第二层土压力时,将第一层土按重度换算与第二层土相同的当量土层厚度,其当量土层厚度 $h_1' = h_1 \dfrac{\gamma_1}{\gamma_2}$,然后以($h_1' + h_2$)为墙高,按均质土计算土压力,但只在第二层厚度范围内有效,如图 6-13 中的 $bdfe$ 部分。必须注意,由于各层土的性质不同,主动土压力系数 K_a 也不同。

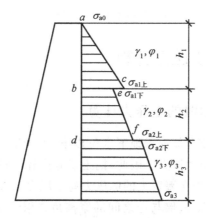

图 6-13 成层土条件下的土压力计算

图 6-13 中,墙后填土分层处土压力强度按下列各式计算。

b 点上:$\sigma_{a1上} = K_{a1} \gamma_1 h_1$ (6.4.15)

b 点下:$\sigma_{a1下} = K_{a2} \gamma_1 h_1$ (已在 2 层土内)   (6.4.16)

d 点上:$\sigma_{a2上} = K_{a2}(\gamma_1 h_1 + \gamma_2 h_2)$ (6.4.17)

d 点下:$\sigma_{a2下} = K_{a3}(\gamma_1 h_1 + \gamma_2 h_2)$ (已在 3 层土内)   (6.4.18)

例题 6.1 某挡土墙高 $H = 5m$,如图 6-14 所示。墙后填土分两层,第一层为砂土,$\varphi_1 = 32°$,$c_1 = 0$,$\gamma_1 = 17kN/m^3$,厚度 2m,其下为黏性土,$\varphi_2 = 18°$,$c_2 = 10kN/m^2$,$\gamma_2 = 18kN/m^3$,厚度 3m。若填土面水平,墙背垂直且光滑,求作用在墙背上的主动土压力和分布形式。

解 计算主动土压力系数 K_a:

第一层土:$K_{a1} = \tan^2\left(45° - \dfrac{\varphi_1}{2}\right) = \tan^2\left(45° - \dfrac{32°}{2}\right) = 0.31$

第二层土:$K_a = \tan^2\left(45° - \dfrac{\varphi_2}{2}\right) = \tan^2\left(45° - \dfrac{18°}{2}\right) = 0.53$

第一层土顶面:$\sigma_{a0} = 0$

第一层土底面:$\sigma_{a1上} = \gamma_1 h_1 K_{a1} = 17 \times 2 \times 0.31 = 10.5$ (kN/m^2)

第二层土顶面:$\sigma_{a1下} = \gamma_1 h_1 K_{a2} - 2c_2\sqrt{K_{a2}}$

$$= 17 \times 2 \times 0.53 - 2 \times 10 \times \sqrt{0.53} = 3.5 \text{ (kN/m}^2)$$

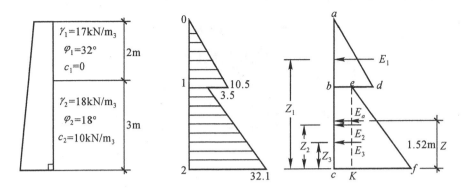

图 6-14　例题 6.1 附图

第二层土底面:$\sigma_{a2} = (\gamma_1 h_1 + \gamma_2 h_2)K_{a2} - 2c_2\sqrt{K_{a2}}$

$$= (17 \times 2 + 18 \times 3) \times 0.53 - 2 \times 10 \times \sqrt{0.53} = 32.1 \ (\text{kN/m}^2)$$

总土压力为 $abcdef$ 的面积

$$E_a = \frac{1}{2} \times 2 \times 10.5 + \frac{1}{2} \times 3 \times (3.5 + 32.1) = 63.9 \ (\text{kN/m})$$

合力作用点的位置,按图(c)的方法求得

$$E_a \cdot Z = E_1 \cdot Z_1 + E_2 \cdot Z_2 + E_3 \cdot Z_3$$

$$Z = \frac{E_1 \cdot Z_1 + E_2 \cdot Z_2 + E_3 \cdot Z_3}{E_a}$$

$$E_1 = S_{abd} = \frac{1}{2} \times 10.5 \times 2 = 10.5(\text{kN/m}), \ Z_1 = \frac{1}{3} \times 2 + 3 = 3.67 \ (\text{m})$$

$$E_2 = S_{bcge} = 3.5 \times 3 = 10.5(\text{kN/m}), \ Z_2 = \frac{1}{2} \times 3 = 1.5 \ (\text{m})$$

$$E_3 = S_{egf} = \frac{1}{2} \times 3 \times (32.1 - 3.5) = 42.9(\text{kN/m}), \ Z_2 = \frac{1}{3} \times 3 = 1 \ (\text{m})$$

$$Z = \frac{10.5 \times 3.67 + 10.5 \times 1.5 + 42.9 \times 1}{10.5 + 10.5 + 42.9} = 1.52 \ (\text{m})$$

6.5.3　填土面有均布荷载条件下的土压力计算

当挡土墙后填土面有连续均布荷载 q 作用时,通常压力的计算方法是将均布荷载换算成当量的土重,即用假想的土重代替均布荷载。当填土面水平时,如图 6-15 所示,当量的土层厚度为

$$h = \frac{q}{\gamma} \tag{6.5.1}$$

式中:γ——填土的重度,单位:kN/m^3。

以 $A'B$ 为墙背,按填土面无荷载的情况计算土压力。以无黏性填土为例,则填土面 A 点的主动土压力强度为

$$\sigma_{aA} = \gamma h K_a = q K_a \tag{6.5.2}$$

墙底 B 点的土压力强度为

$$\sigma_{aB} = \gamma(h + h)K_a = (q + \gamma h)K_a \tag{6.5.3}$$

压力分布见图 6-15 所示,实际的土压力分布图为梯形 $ABCD$ 部分,土压力的作用点在

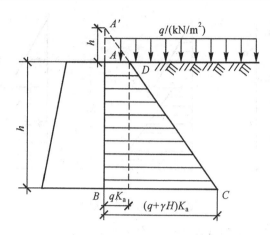

图 6-15　填土面有均布荷载条件下的土压力计算

梯形的形心。

例题 6.2　某挡土墙 $h=4$m，如图 6-16 所示。填土分层为，第一层土：$\varphi_1=30°,c_1=0$，$\gamma_1=19$kN/m³；第二层土：$\varphi_2=20°,c_2=10$kN/m²，$\gamma_{sat}=20$kN/m³。地下水位距地面 2m，若填土面水平并作用有均布超载 $q=20$kN/m²，墙背垂直且光滑。求作用于墙背上的主动土压力和分布形式。

解　计算主动土压力系数 K_a：

第一层土：$K_{a1}=\tan^2(45°-\dfrac{\varphi_1}{2})=\tan^2(45°-\dfrac{30°}{2})=0.33$

第二层土：$K_{a2}=\tan^2(45°-\dfrac{\varphi_2}{2})=\tan^2(45°-\dfrac{20°}{2})=0.49$

$$\sqrt{K_{a2}}=0.7$$

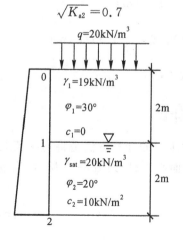
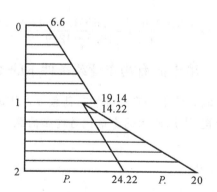

图 6-16　例题 6.2 附图

第一层土顶面：$\sigma_{a0}=qK_{a1}=20\times0.33=6.6$（kN/m²）

第一层土底面：$\sigma_{a1\text{下}}=(q+\gamma_1 h_1)K_{a1}=(20+19\times2)\times0.33=19.14$（kN/m²）

第二层土顶面：$\sigma_{a1\text{上}}=(q+\gamma_1 h_1)K_{a2}-2c_2\sqrt{K_{a2}}$

$$=(20+19\times2)\times0.49-2\times10\times0.7=14.42\text{（kN/m²）}$$

第二层土底面：$\sigma_{a2}=[q+\gamma_1 h_1+(\gamma_{sat}-10)\cdot h_2]K_{a2}-2c_2\sqrt{K_{a2}}$

$$=[20+19\times2+(20-10)\times2]\times0.49-2\times10\times0.7=24.22\ (kN/m^2)$$

总土压力：

$$E_a=\frac{1}{2}\times2\times(6.6+19.14)+\frac{1}{2}\times2\times(14.42+24.22)=64.38\ (kN/m)$$

总水压力：

$$P_w=\frac{1}{2}\gamma_w H_2^2=\frac{1}{2}\times10\times2^2=20\ (kN/m)$$

主动土压力合力作用点位置（距墙底高度）：

$$z_a=\frac{6.6\times2\times3+\frac{1}{2}\times2\times(19.14-6.6)\times2.67+14.42\times2\times1.0+\frac{1}{2}\times2\times(24.22-14.44)\times0.67}{64.38}$$

$$=1.69(m)$$

水压力作用点位置（距墙底高度）：

$$z_w=0.69\ m$$

6.6　土坡稳定分析

土坡稳定分析是属于土力学中的稳定问题。土坡的滑动一般是指土坡在一定范围内整体地沿某一滑动面向下和向外移动而丧失其稳定性。在土建施工中，由于填土、挖土等，常常会形成有相当高差的土坡。若土坡太陡，很容易发生塌方或滑坡；而土坡过于平缓，则会增加许多土方施工量、或超出建筑界线、或影响建筑物的使用及安全。土坡的失稳，经常是在外界的不利因素影响下触发和加剧的，一般有以下原因：

（1）土坡所受作用力发生变化。例如由于在坡顶堆放材料或建造建筑物使坡顶受荷；或由于打桩、车辆行驶、爆破、地震等引起的振动改变了原来的平衡状态；或静水力作用变化，如雨水或地面水流入土坡中的竖向裂缝，对土坡产生侧向压力，从而促进土坡的滑动；

（2）土坡材料的抗剪强度降低。例如土体中含水量或孔隙水压力的增加；或振动使饱和砂土或粉砂土液化等使土的强度降低。

本节主要介绍简单土坡的稳定分析方法。所谓简单土坡是指土坡的顶面和底面都是水平的，并伸至无穷远，土坡由均质土所组成，如图 6-17 所示。

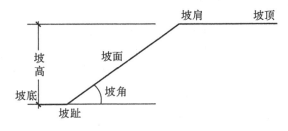

图 6-17　边坡各部位名称

6.6.1　无黏性土土坡稳定分析

对于无黏性土组成的土坡，其土坡的稳定分析常用楔体平衡理论（直线法或折线法），见图 6-18(a) 所示。

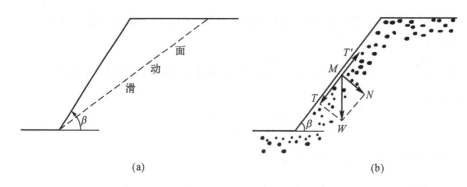

(a)　　　　　　　　　　　　　　(b)

图 6-18　无黏性土坡的稳定分析

图 6-18(b)表示一坡角为 β 的无黏性土坡。假设土坡及其地基都是同一种土,又是均质的,且不考虑渗流的影响。由于无黏性土颗粒之间没有黏聚力,只有摩擦力,只要坡面不滑动,土坡就能保持稳定。对于这类土构成的土坡,其稳定性的平衡条件可由图 6-18(b)所示的力系来说明。

设在斜坡上的土颗粒 M,其自重为 W,砂土的内摩擦角为 φ。土颗粒的自重 W 在垂直和平行于坡面方向的分力分别为

$$N = W\cos\beta, \quad T = W\sin\beta$$

分力 T 将使土颗粒 M 向下滑动,为滑动力,而阻止土颗粒下滑的抗滑力则是由垂直于坡面上的分力 N 引起的摩擦力:

$$T' = N\tan\varphi = W\cos\beta\tan\varphi$$

抗滑力和滑动力的比值称为稳定安全系数 F_s,即

$$F_s = \frac{T'}{T} = \frac{W\cos\beta\tan\varphi}{W\sin\beta} = \frac{\tan\varphi}{\tan\beta} \tag{6.6.1}$$

由式(6.6.1)可见,当坡角与土的内摩擦角相等(即 $\beta = \varphi$)时,稳定安全系数 $F_s = 1.0$,此时抗滑力等于滑动力,土坡处于极限平衡状态。由此可知,土坡稳定的极限坡角 β_{cr} 等于砂土的内摩擦角 φ,称之为自然休止角。从式(6.6.1)还可看出,无黏性土坡的稳定性与坡高无关,仅取决于坡角 β,只要 $\beta < \varphi$,稳定安全系数就 $F_s > 1.0$,土坡就是稳定的。为了保证土坡有足够的安全储备,土坡设计时通常取 $F_s = 1.1 \sim 1.5$。

6.6.2　黏性土土坡稳定分析

与无黏性土土坡不同,黏性土土坡由于剪切而破坏的滑动面大多数为一曲面,如图 6-19(a)所示。根据工程实践,黏性土简单土坡的滑动面可近似为一段圆弧,如图 6-19(b)所示。值得说明的是,实际上滑动体在纵向有一定的范围,并且为曲面,为了简化,稳定分析中通常假设滑动面为圆筒面,按平面问题进行分析。

常用的黏性土坡稳定分析方法有瑞典条分法、简化 Bishop 法、Spencer 法、Morgen-stern-Price 法、Janbu 法等。由于简单分析常采用瑞典条分法,下面就介绍瑞典条分法(按有效应力分析)。

瑞典条分法假定土坡滑动面接近于圆弧滑动面,将滑动体分成若干竖向土条(n 个土条),如图 6-19(b)所示。为方便起见,划分时可使土条宽度相等。设取第 i 条作为隔离体,如图 6-19(c)所示,作用在土条上的力有:土条的自重 W_i,土条上的荷载 Q_i,滑动面 ef 上的

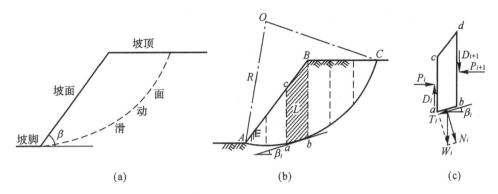

图 6-19　黏性土坡的稳定分析

法向反力 N_i 和切向反力 T_i，以及竖向面上的法向力 E_{1i} 与 E_{2i} 和切向力 F_{1i} 与 F_{2i}。由理论力学平面力系平衡条件可知，这一力系是超静定的。为简化计算，假定 E_{1i} 和 F_{1i} 的合力等于 E_{2i} 和 F_{2i} 的合力，且作用方向在同一直线上，即列平衡方程时可不考虑 E_{1i}、F_{1i}、E_{2i} 和 F_{2i}。这样，由土条的静力平衡条件可得

$$N_i = (W_i + Q_i)\cos\alpha_i \tag{6.6.2}$$

$$T_i = (W_i + Q_i)\sin\alpha_i \tag{6.6.3}$$

作用在 ef 面上的法向正应力及切向剪应力分别为

$$\sigma_i = \frac{N_i}{l_i} = \frac{1}{l_i}(W_i + Q_i) \cdot \cos\alpha_i \tag{6.6.4}$$

$$\tau_i = \frac{T_i}{l_i} = \frac{1}{l_i}(W_i + Q_i) \cdot \sin\alpha_i \tag{6.6.5}$$

显然，作用在滑动面 ab 上的总剪切力等于各土条剪切力之和，即

$$T = \sum T_i = \sum (W_i + Q_i)\sin\alpha_i \tag{6.6.6}$$

土条 ef 上的抗剪力为

$$S_i = (c_i' + \sigma_i'\tan\varphi_i')l_i = c_i'l_i + [(W_i + Q_i)\cos\alpha_i - u_il_i]\tan\varphi_i' \tag{6.6.7}$$

式中：c_i' 与 φ_i' 分别为土坡材料的有效黏聚力和有效内摩擦角；σ_i' 与 u_i 分别为土条底面所受的有效应力和孔隙水压力，$\sigma_i' = \sigma_i - u_i$。

沿着整个滑动面上的抗剪力为

$$S = \sum S_i = \sum \{c_i'l_i + [(W_i + Q_i)\cos\alpha_i - u_il_i]\tan\varphi_i'\} \tag{6.6.8}$$

抗剪力与剪切刀的比值称为稳定安全系数 F_s，即

$$F_s = \frac{S}{T} = \frac{\sum \{c_i'l_i + [(W_i + Q_i)\cos\alpha_i - u_il_i]\tan\varphi_i'\}}{\sum (W_i + Q_i)\sin\alpha_i} \tag{6.6.9}$$

由于上述分析的滑弧是任意选定的，因此所选的滑弧就不一定是最危险的滑弧。为了求得最危险滑弧，需要通过试算法，即选择若干个滑弧圆心和半径，按上述方法分别算出相应的稳定安全系数，最小安全系数对应的滑弧就是最危险滑弧。

思考题

6-1　说明"土的极限平衡状态"是什么意思，从而区分主动和被动土压力，挡土墙应如何移动，才能产生主动土压力？

6-2　主动土压力是土压力中的最小值,为什么在库仑公式推导中却要找最大的值作为主动土压力?

6-3　墙背的粗糙程度、填土排水条件的好坏对主动土压力有何影响?

6-4　试比较朗肯土压力理论和库仑土压力理论的优缺点和各自的适用范围。

6-5　填土表面有连续均布荷载,土压力沿深度的分布是三角形、梯形、矩形,在地下水位以下,这部分土压力是否有变化(假定水位以下值不变)?

6-6　挡土墙通常都设有排水孔,起什么作用?如何防止排水孔失效?

6-7　土坡稳定有何实际意义?影响土坡稳定的因素有哪些?如何防止土坡的滑动?举例说明土坡滑动的实例。

6-8　土坡稳定分析圆弧法的原理是什么?为什么要分条计算,分条计算中有什么技巧?怎样确定最危险的滑动面?

6-9　自然堆积的破坡,其坡角称自然坡角或休止角。求证此自然坡角必等于土的内摩擦角。

6-10　试分析在黏土层上自然形成的天然坡与开挖坡和填筑坡的固结情况有何不同?

6-11　砂土坡只要坡角不超过其内摩擦角,土坡便是稳定的,坡高 H 可以不受限制。而黏性土坡的稳定性与坡高有关,试分析其原因。

习　题

6-1　挡土墙如图6-20所示,墙背竖直光滑。求墙所受到的主动土压力,并绘出土压力分布图。

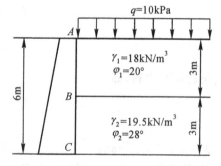

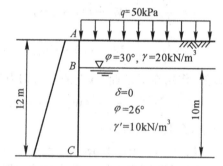

图 6-20　习题 6.1 附图　　　　　　　　　　图 6-21　习题 6.2 附图

6-2　挡土墙如图6-21所示,墙背竖直光滑。求墙所受到的主动土压力,并绘出土压力分布图。

6-3　两挡土墙如图6-22所示,用库仑理论计算作用在墙背上的主动土压力,并分析它们之间的差别。

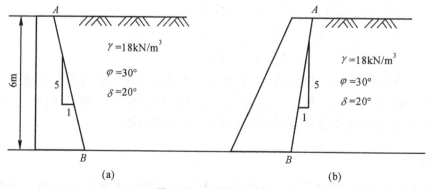

图 6-22　习题 6.3 附图

第7章 地基承载力

【学习要点】

1. 了解地基在竖直荷载作用下,地基的破坏模式;

2. 掌握地基临塑荷载和临界荷载、极限荷载的定义和计算;

3. 掌握浅基础地基承载力的基本理论和测试方法,合理确定建筑地基的承载力特征值,并应用于建筑物的基础设计。

7.1 概　述

地基承受建筑物荷载的作用后,内部应力发生变化。一方面附加应力引起地基内土体变形,造成建筑物沉降。另一方面,引起地基内土体的剪应力增加。当某一点的剪应力达到土的抗剪强度时,这一点的土就处于极限平衡状态。若土体中某一区域内各点都达到极限平衡状态,就形成极限平衡区,或称为塑性变形区。如果荷载继续增大,地基内极限平衡区的发展范围随之也不断增大,则局部的塑性变形区将发展成为连续贯穿的整体滑动面,基础下一部分土体将沿滑动面产生整体滑动,称为地基失去稳定。如果这种情况发生,建筑物将发生严重的塌陷、倾倒等灾害性的破坏。在第1章绪论中提及的加拿大特朗斯康谷仓地基失稳,就是典型的地基破坏事故。

地基承载力是指地基土单位面积上所能承受荷载的能力,是地基土抗剪强度的一种宏观表现,地基承载力的确定与诸多因素有关。

7.2 按塑性变形区的深度确定地基承载力

7.2.1 地基破坏形态

在荷载作用下地基因承载力不足引起的破坏,一般都由地基土的剪切破坏引起。试验研究表明,它有三种破坏模式:整体剪切破坏、局部剪切破坏和冲切剪切破坏,如图7-1所示。

整体剪切破坏是一种在基础荷载作用下地基发生连续剪切滑动面的地基破坏模式,其概念最早由 L. 普朗德尔(Prandtl,1920)提出。它的破坏特征有:地基在荷载作用下产生近似线弹性(p-s 曲线的首段呈线性)变形;当荷载达到一定数值时,在基础的边缘以下土体首先发生剪切破坏,随着荷载的继续增加,剪切破坏区也逐渐扩大,p-s 曲线由线性开始变曲;当剪切破坏区在地基中连成一片,成为连续的滑动面时,基础就会急剧下沉并向一侧倾斜,

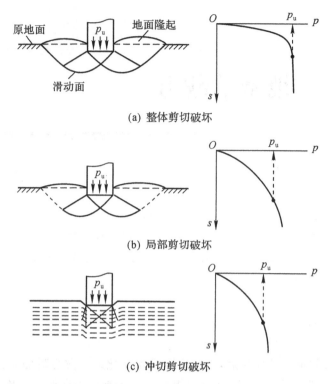

图 7-1　地基破坏模式

基础两侧的地面向上隆起，地基发生整体剪切破坏，地基失去了继续承载能力。描述这种破坏模式的典型的荷载—沉降曲线（p-s 曲线）具有明显的转折点，破坏前建筑一般不会发生过大的沉降，它是一种典型的土体强度破坏，破坏有一定的突然性，如图 7-1(a)所示。整体剪切破坏一般在密砂和坚硬的黏土中最有可能发生。

　　局部剪切破坏是一种在基础荷载作用下地基某一范围内发生剪切破坏区地基破坏模式，其概念最早由 K. 太沙基（Terzaghi,1943）提出。其破坏特征是，在荷载作用下，地基在基础边缘以下开始发生剪切破坏之后，随着荷载的继续增大，地基变形增大，剪切破坏区继续扩大，基础两侧地面微微隆起，但剪切破坏区滑动面没有发展到地面，基础没有明显的倾斜。地基由于产生过大的变形而丧失继续承载能力。描述这种破坏模式的 p-s 曲线，一般没有明显的转折点，其直线段范围较小，是一种以变形为主要特征的破坏模式，如图 7-1(b)所示。常发生在中等密实的砂土中。

　　冲切剪切破坏是一种在荷载作用下地基土体发生垂直剪切破坏，使基础产生较大沉降的一种地基破坏模式，也称刺入剪切破坏。其破坏特征是，在荷载作用下基础产生较大沉降，基础周围的部分土体也产生下陷，破坏时基础好像"刺入"地基土层中，不出现明显的破坏区和滑动面，基础没有明显的倾斜，其 p-s 曲线没有转折点，是一种典型的以变形为特征的破坏模式，如图 7-1(c)所示。在压缩性较大的松砂、软土地基或基础埋深较大时，相对容易发生冲切剪切破坏。

7.2.2　地基的临塑荷载

　　确定地基承载力的主要依据为土的强度理论。地基承载力的理论计算，需要应用土的

抗剪强度指标 c 与 φ 值。

1. 定义

地基的临塑荷载是指在外荷载作用下,地基中刚开始产生塑性变形(即局部剪切破坏刚开始)时基础底面单位面积上所承受的荷载。

地基从开始发生变形到失去稳定(即破坏)的发展过程,可用载荷试验结果 $p\text{-}s$ 曲线说明,如图 7-2 所示。

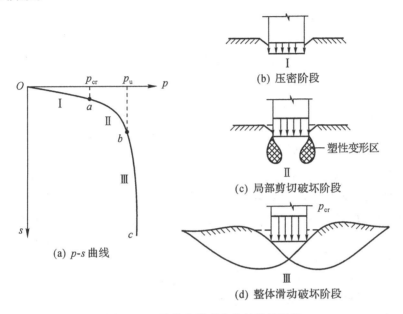

(a) $p\text{-}s$ 曲线

(b) 压密阶段

(c) 局部剪切破坏阶段

(d) 整体滑动破坏阶段

图 7-2　地基从变形到失稳的发展阶段

当基础底面的压应力 p 较小时,$p\text{-}s$ 曲线开始段呈直线分布,如图 7-2(a)所示 oa 段,地基处于压密阶段 I,如图 7-2(b)所示。

如基底压应力 p 进一步增大,$p\text{-}s$ 曲线在 a 点处向下弯曲,呈曲线分布,此时地基处于局部剪切阶段 II,地基边缘出现了塑性变形区,如图 7-2(a)所示 ab 段。

若基底压力 p 很大,$p\text{-}s$ 曲线在 b 点处,近似呈竖直向下直线分布,地基达到滑动破坏阶段 III。此时,地基中的塑性变形区已扩展,连成一个连续的滑动面,建筑物整体失去稳定,发生倾倒事故,如图 7-2(a)所示 bc 段。

载荷试验第一阶段与第二阶段之分界 a 点对应的荷载 p_{cr} 称为临塑荷载,也就是随着荷载的增大,地基土开始产生塑性变形的界限荷载。地基的临塑荷载可用作地基承载力,但偏于安全。

2. 地基塑性区边界方程

条形基础在均布荷载作用下,地基中任一点 M 的应力,来源于下列几方面,如图 7-3 所示。

(1)基础底面的附加压力 p_0;

(2)基础底面以下深度 z 处,土的自重应力 γz;

(3)由基础埋深 d 构成的旁载(或超载)γd。

为简化计算,假定土的侧压力系数 $\zeta=1.0$(实际上 $\zeta=0.25\sim0.72$),则土的自重和旁载在 M 点产生的各向应力相等。根据弹性理论,地基中任意点 M 的最大主应力和最小主应

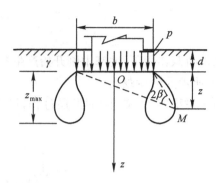

图 7-3 条形基底边缘的塑性区

力为：

$$\sigma_1 = \frac{p - \gamma d}{\pi}(2\beta + \sin 2\beta) + \gamma z + \gamma d \qquad (7.2.1)$$

$$\sigma_3 = \frac{p - \gamma d}{\pi}(2\beta - \sin 2\beta) + \gamma z + \gamma d \qquad (7.2.2)$$

式中：p——基础底面接触压力，kPa；

　　2β——M 点至基础两个边缘连线的夹角，°。

　　当 M 点的应力达到极限平衡时，将式(7.2.1)与式(7.2.2)代入第 5 章式(5.3.3)，整理后得

$$z = \frac{p - \gamma d}{\pi \gamma}\left(\frac{\sin 2\beta}{\sin \varphi} - 2\beta\right) - \frac{c}{\gamma}\cot\varphi - d \qquad (7.2.3)$$

　　式(7.2.3)为基础边缘下塑性区的边界方程，表示塑性区边界上任意一点 M 的深度 z 与夹角 2β 之间的关系。当基础底面接触压力 p，基础埋深 d 和地基土的 γ、c、φ 已知时，就可应用式(7.2.3)绘制出塑性区的边界线，如图 7-3 所示。

　　为此，只需将式(7.2.3)求一次导数并使其值为零：

$$\frac{\mathrm{d}z}{\mathrm{d}\beta} = \frac{p - \gamma d}{\pi \gamma} \times 2\left(\frac{\cos 2\beta}{\sin \varphi} - 1\right)$$

令 $\dfrac{\mathrm{d}z}{\mathrm{d}\beta} = 0$，则 $\dfrac{\cos 2\beta}{\sin \varphi} = 1$

即 　$\cos 2\beta = \sin \varphi$

故 　$2\beta = \dfrac{\pi}{2} - \varphi$

将此 2β 值代入式(7.2.3)可得塑性区开展最大深度：

$$z_{\max} = \frac{p - \gamma d}{\pi \gamma}\left(\cot\varphi - \frac{\pi}{2} + \varphi\right) - \frac{c}{\gamma}\cot\varphi - d \qquad (7.2.4)$$

3. 临塑荷载计算公式

　　根据临塑荷载的定义，在外荷载作用下地基中的塑性区刚要出现时，可以用塑性区的最大开展深度 $z_{\max} = 0$ 来表达。

　　在式(7.2.4)中，令 $z_{\max} = 0$，即得临塑荷载 p_{cr} 的计算公式：

$$p_{cr} = \frac{\pi(\gamma d + c \cdot \cot\varphi)}{\cot\varphi - \frac{\pi}{2} + \varphi} + \gamma d = N_d \gamma d + N_c c \qquad (7.2.5)$$

从式(7.2.5)可看出,临塑荷载 p_{cr} 由两部分组成,第一部分为地基土黏聚力 c 的贡献,第二部分为基础两侧超载 q 或基础埋深 d 的贡献,这两部分都是内摩擦角 φ 的函数,p_{cr} 随 φ、c、q 的增大而增大。

式中:p_{cr}——地基的临塑荷载,kPa;

γ——基础埋深范围内土的重度,水下用浮重度,kN/m^3;

d——基础埋深,m;

c——基础底面下土的黏聚力,kPa;

φ——基础底面下土的内摩擦角,°;

N_d,N_c——承载力系数,可根据 φ 值按式(7.2.6)、式(7.2.7)计算或查表 7-1 确定。

$$N_d = \frac{\cot\varphi + \varphi + \frac{\pi}{2}}{\cot\varphi + \varphi - \frac{\pi}{2}} \tag{7.2.6}$$

$$N_c = \frac{\pi \cdot \cot\varphi}{\cot\varphi + \varphi - \frac{\pi}{2}} \tag{7.2.7}$$

表 7-1 承载力系数 N_d,N_c,$N_{\frac{1}{4}}$,$N_{\frac{1}{3}}$ 的数值

$\varphi/(°)$	N_d	N_c	$N_{\frac{1}{4}}$	$N_{\frac{1}{3}}$	$\varphi/(°)$	N_d	N_c	$N_{\frac{1}{4}}$	$N_{\frac{1}{3}}$
0	1	3	0	0	24	3.9	6.5	0.7	1.0
2	1.1	3.3	0	0	26	4.4	6.9	0.8	1.1
4	1.2	3.5	0.1	0.1	28	4.9	7.4	1.0	1.3
6	1.4	3.7	0.1	0.1	30	5.6	8.0	1.2	1.5
8	1.6	3.9	0.2	0.2	32	6.3	8.5	1.4	1.8
10	1.7	4.2	0.2	0.2	34	7.2	9.2	1.6	2.1
12	1.9	4.4	0.3	0.3	36	8.2	10.0	1.8	2.4
14	2.2	4.7	0.4	0.4	38	9.4	10.8	2.1	2.8
16	2.4	5.0	0.4	0.5	40	10.8	11.8	2.5	3.3
18	2.7	5.3	0.5	0.6	42	12.7	12.8	2.9	3.8
20	3.1	5.6	0.6	0.7	44	14.5	14.0	3.4	4.5
22	3.4	6.0		0.8	45	15.6	14.6	3.7	4.9

7.2.3 地基的临界荷载

1. 意义

大量建筑工程实践表明,采用临塑荷载 p_{cr} 作为地基承载力,往往偏于保守。这是因为在临塑荷载作用下,地基尚处于压密状态,并刚刚开始出现塑性变形区。实际上,若建筑的地基中发生少量局部剪切破坏,只要塑性变形区的范围控制在一定深度,并不影响此建筑物地基的安全使用。这样,可以适当提高地基承载力的数值,以节省造价。工程中允许的塑性变形区发展范围的大小,与建筑物的规模、重要性、荷载大小、荷载性质以及地基土的物理力学性质等因素有关。

以地基的临界荷载作为地基承载力,既安全,又经济。

2. 定义

当地基中的塑性变形区最大深度为

中心荷载基础： $z_{max} = \dfrac{b}{4}$

偏心荷载基础： $z_{max} = \dfrac{b}{3}$

与此相对应的基础底面压力，分别以 $p_{\frac{1}{4}}$ 或 $p_{\frac{1}{3}}$ 表示，称为临界荷载。

3. 临界荷载计算公式

(1)中心荷载

由式(7.2.4)，令 $z_{max} = \dfrac{b}{4}$，整理可得中心荷载作用下地基的临界荷载计算公式：

$$p_{\frac{1}{4}} = \frac{\pi\left(\gamma d + \frac{1}{4}\gamma d + c \cdot \cot\varphi\right)}{\cot\varphi - \frac{\pi}{2} + \varphi} + \gamma d = N_{\frac{1}{4}}\gamma b + N_d \gamma_m d + N_c c \qquad (7.2.8)$$

式中：b——基础宽度，m；矩形基础短边，圆形基础采用 $b = \sqrt{A}$，A 为圆形基础底面积；

γ——基底处土的天然重度，kN/m^3，水位以下用浮重度；

γ_m——基础埋深范围内，土的加权平均重度，kN/m^3，水位以下用浮重度；

$N_{\frac{1}{4}}$——承载力系数，由基础底面下 φ 值，按式(7.2.10)计算，或查表 7-1 确定。

(2)偏心荷载

同理，由式(7.2.4)，令 $z_{max} = \dfrac{b}{3}$，整理可得偏心荷载作用下地基的临界荷载计算公式：

$$p_{\frac{1}{3}} = \frac{\pi\left(\gamma d + \frac{1}{3}\gamma b + c \cdot \cot\varphi\right)}{\cot\varphi - \frac{\pi}{2} + \varphi} + \gamma d = N_{\frac{1}{3}}\gamma b + N_d \gamma_m d + N_c c \qquad (7.2.9)$$

式中：$N_{\frac{1}{3}}$——承载力系数，由基底下 φ 值，按式(7.2.11)计算，或查表 7-1 确定。

(3)承载力系数

$$N_{\frac{1}{4}} = \frac{\pi}{4\left(\cot\varphi + \varphi - \frac{\pi}{2}\right)} \qquad (7.2.10)$$

$$N_{\frac{1}{3}} = \frac{\pi}{3\left(\cot\varphi + \varphi - \frac{\pi}{2}\right)} \qquad (7.2.11)$$

注意：

(1)上述临塑荷载与临界荷载计算公式，系由条形基础均布荷载推导得来。若对矩形基础或圆形基础，也可以应用上述公式计算，其结果偏于安全。

(2)以上公式应用弹性理论，对于已出现塑性区情况下的临界荷载公式来说，条件不够严格。但因塑性区的范围不大，其影响为工程所允许，故临界荷载作为地基承载力，应用仍然较广。

例题 7.1 某建筑场地地基土分 3 层，如图 7-4 所示。求以下三种情况该建筑地基的临界荷载：

(1)承受偏心荷载框架结构独立基础,基础底面尺寸:长度 3.0m,宽度 2.4m。基础埋深 1.0m。

(2)承受中心荷载的圆形基础,直径 $D=3.0$m,埋深 $d=1.2$m。

(3)承受中心荷载的圆形基础,直径 $D=3.0$m,埋深 $d=2.0$m。

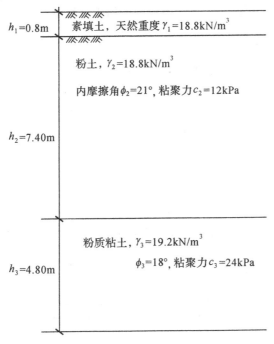

$h_1=0.8$m　素填土,天然重度 $\gamma_1=18.8$kN/m^3

粉土,$\gamma_2=18.8$kN/m^3

内摩擦角 $\phi_2=21°$,粘聚力 $c_2=12$kPa

$h_2=7.40$m

粉质粘土,$\gamma_3=19.2$kN/m^3

$\phi_3=18°$,粘聚力 $c_3=24$kPa

$h_3=4.80$m

图 7-4　例题 7.1 附图

解　(1)应用偏心荷载作用下临界荷载计算公式(7.2.9):

$$p_{\frac{1}{3}}=N_{\frac{1}{3}}\gamma b+N_{\rm d}\gamma_{\rm m}d+N_{\rm c}c$$

式中:$N_{\frac{1}{3}}$——承载力系数,据基底土的内摩擦角 $\varphi_2=21°$ 查表 7-1,内插得 $N_{\frac{1}{3}}=0.75$;

$N_{\rm d}$——承载力系数,据 $\varphi_2=21°$ 查表 7-1,内插得 $N_{\rm d}=3.25$;

$N_{\rm c}$——承载力系数,据 $\varphi_2=21°$ 查表 7-1,内插得 $N_{\rm c}=5.8$;

$\gamma_{\rm m}$——$\gamma_{\rm m}$ 应为基础埋深 $d=1.0$m 范围土的加权平均重度,按下式计算:

$$\gamma_{\rm m}=\frac{0.8\gamma_1+0.2\gamma_2}{0.8+0.2}=\frac{0.8\times17.8+0.2\times18.8}{1.0}=18.0\ ({\rm kN/m^3})$$

c——基础底面下第二层粉土的黏聚力 $c_2=12$kPa。

将上列数据代入公式(7.2.9)可得临界荷载:

$$p_{\frac{1}{3}}=0.75\times18.8\times2.4+3.25\times18.0\times1.00+5.8\times12$$
$$=33.84+58.5+69.6\approx162\ ({\rm kPa})$$

(2)圆形基础承受中心荷载,应用公式(7.2.8):

$$p_{\frac{1}{4}}=N_{\frac{1}{4}}\gamma b+N_{\rm d}\gamma d+N_{\rm c}c$$

式中:$N_{\frac{1}{4}}$——承载力系数,据圆形基础底面下第二层粉土的内摩擦角 $\varphi_2=21°$ 查表 7-1,内插得 $N_{\frac{1}{4}}=0.55$;

$N_{\rm d}$——承载力系数,据 $\varphi_2=21°$ 查表 7-1,内插得 $N_{\rm d}=3.25$;

N_c——承载力系数,据 $\varphi_2 = 21°$ 查表 7-1,内插得 $N_c = 5.8$;

b——圆形基础折算宽度,按下式计算:

$$b = \sqrt{\frac{D^2 \pi}{4}} = \frac{1}{2}\sqrt{3.0^2 \pi} = 2.66 \text{(m)}$$

γ_m——γ_m 为圆形基础埋深 $d = 1.2\text{m}$ 范围土的加权平均重度:

$$\gamma_m = \frac{17.8 \times 0.8 + 18.8 \times 0.4}{0.8 + 0.4} = \frac{14.24 + 7.62}{1.2} = 18.1 \text{ (kN/m}^3)$$

c——基础底面以下粉土的黏聚力 $c = c_2 = 12\text{(kPa)}$。

将上列数据代入公式(7.2.8),圆形基础地基的临界荷载:

$$p_{\frac{1}{4}} = 0.55 \times 18.8 \times 2.66 + 3.25 \times 18.1 \times 1.2 + 5.8 \times 12$$
$$= 27.5 + 70.59 + 69.6 \approx 168 \text{ (kPa)}$$

(3)圆形基础埋深改为 $d = 2.0\text{m}$,同理 $d = 2.0\text{m}$ 范围内土的加权平均重度:

$$\gamma_m = \frac{17.8 \times 0.8 + 18.8 \times 1.2}{0.8 + 1.2} = \frac{14.24 + 22.56}{2.0} = 18.4 \text{ (kN/m}^3)$$

其余数据不变,代入公式(7.2.8)可得圆形基础地基的临界荷载:

$$p_{\frac{1}{4}} = 0.55 \times 18.8 \times 2.66 + 3.25 \times 1.84 \times 2.0 + 5.8 \times 12$$
$$= 27.5 + 119.6 + 69.6 \approx 217 \text{ (kPa)}$$

从以上计算可以看出,若地基土的天然重度 γ、内摩擦角 φ 与黏聚力 c 相同,基础形状为矩形或圆形,上部荷载为中心荷载或偏心荷载,这些变化对地基临界荷载的影响不大。当基础埋深 $d = 1.2\text{m}$ 加深至 $d = 2.0\text{m}$,则持力层粉土的地基临界荷载增大 49kPa,影响较为明显。

例题 7.2 某条形基础置于一均质地基上,宽 3m,埋深 1m,地基土天然重度 18.0kN/m^3,天然含水量 38%,土粒比重 2.73,抗剪强度指标 $c = 15\text{kPa}$,$\varphi = 12°$,问该基础的临塑荷载 p_{cr}、临界荷载 $p_{\frac{1}{4}}$、$p_{\frac{1}{3}}$ 各为多少? 若地下水位上升至基础底面,假定土的抗剪强度指标不变,其 p_{cr}、$p_{\frac{1}{4}}$、$p_{\frac{1}{3}}$ 有何变化?

解 根据 $\varphi = 12°$,从公式计算得:$N_c = 4.42$,$N_q = 1.94$,$N_{\frac{1}{4}} = 0.23$,$N_{\frac{1}{3}} = 0.31$

$$q = \gamma d = 18.0 \times 1.0 = 18.0 \text{ (kPa)}$$

$$p_{cr} = cN_c + qN_q$$
$$= 15 \times 4.42 + 18.0 \times 1.94 = 101 \text{ (kPa)}$$

$$p_{\frac{1}{4}} = cN_c + qN_q + \gamma b N_{\frac{1}{4}}$$
$$= 15 \times 4.42 + 18.0 \times 1.94 + 18.0 \times 3.0 \times 0.23$$
$$= 114 \text{ (kPa)}$$

$$p_{\frac{1}{3}} = cN_c + qN_q + \gamma b N_{\frac{1}{3}}$$
$$= 15 \times 4.42 + 18.0 \times 1.94 + 18.0 \times 3.0 \times 0.31$$
$$= 118 \text{ (kPa)}$$

地下水位上升到基础底面,此时 γ 需取浮重度 γ',

$$\gamma' = \frac{G_s - 1}{1 + e}\gamma_w = \frac{(G_s - 1)\gamma}{G_s(1 + \omega)}$$

$$=\frac{(2.73-1)\times18.0}{2.73\times(1+0.38)}$$

$$=8.27\ (\text{kN/m}^3)$$

$$p_{cr}=15\times4.42+18.0\times1.94=101\ (\text{kPa})$$

$$p_{\frac{1}{4}}=15\times4.42+18.0\times1.94+8.27\times3.0\times0.23=107\ (\text{kPa})$$

$$p_{\frac{1}{3}}=15\times4.42+18.0\times1.94+8.27\times3.0\times0.31=109\ (\text{kPa})$$

比较可知,当地下水位上升到基底时,地基的临塑荷载没有变化,地基的临界荷载降低,本例的减少量达 6.1%～7.6%。不难看出,当地下水位上升到基底以上时,临塑荷载也将降低。由此可知,地下水位上升,可导致地基承载力减小。海平面上升是地下水位上升的一种现象,可引起地基承载力降低。

7.3　地基的极限承载力

地基的极限承载力是指地基剪切破坏发展到即将失稳时所承受的极限荷载,相当于图 7-2 现场载荷试验结果 p-s 曲线上,第二阶段与第三阶交界处 b 点所对应的荷载 p_u。

极限荷载的计算公式较多。限于篇幅,本书介绍两种常用的公式:

(1)普朗德尔公式,适用于条形基础,底面光滑。

(2)太沙基公式,适用于条形基础,底面粗糙,可推广到方形基础和圆形基础。

7.3.1　普朗德尔极限承载力

L.普朗德尔(Prandtl,1920)根据极限平衡理论对刚性模子压入半无限刚塑性体的问题进行了研究。普朗德尔假定条形基础具有足够大的刚度,等同于条形刚性模子,且底面光滑,地基材料具有刚塑性性质,且地基土的重度为零,基础置于地基表面。当作用在基础上的荷载足够大时,基础陷入地基中,地基产生如图 7-5 所示的整体剪切破坏。

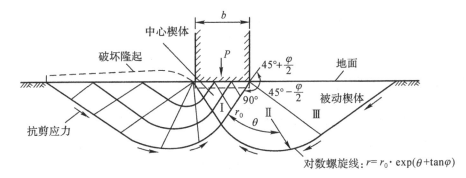

图 7-5　普朗德尔地基整体剪切破坏模式

普朗德尔极限承载力,塑性区共分五个区,即一个I区,两个II区和两个III区。由于基底是光滑的,因此I区的大主应力 σ_1 是铅垂的,破裂面与水平面成($45°+\frac{\varphi}{2}$),称为主动朗肯区。

III区大主应力 σ_1 是水平向的,其破裂面与水平面成($45°-\frac{\varphi}{2}$)角,称为被动朗肯区。II区由一组对数螺线和一组辐射向直线组成,该区形以对数螺线为弧形边界的扇形,其中心为直角。

对于以上所述情况,普朗德尔得出极限承载力的理论解为

$$p_u = cN_c \tag{7.3.1}$$

式中:

$$N_c = \cot\varphi\left[\exp(\pi\tan\varphi)\tan^2\left(45° + \frac{\varphi}{2}\right) - 1\right] \tag{7.3.2}$$

式中: N_c——承载力系数,是仅与 φ 有关的无量纲系数;

c——土的黏聚力。

如果基础有埋置深度 d(如图 7-6 所示),可将基底水平面以上的土重用均布荷载 $q(=\gamma_0 d)$ 代替。赖斯纳(Reissner,1924)得出极限承载力还需加一项 qN_q,即

$$p_u = cN_c + qN_q \tag{7.3.3}$$

式中:

$$N_q = \exp(\pi\tan\varphi)\tan^2\left(45° + \frac{\varphi}{2}\right) \tag{7.3.4}$$

$$N_c = (N_q - 1)\cot\varphi \tag{7.3.5}$$

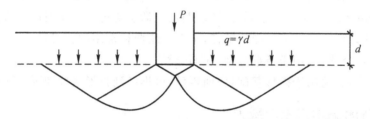

图 7-6 考虑基础有埋置深度时极限承载力的计算

式中: N_q——仅与 φ 有关的另一承载力系数。

对于黏性大、排水条件差的饱和黏土地基,可按 $\varphi = 0$ 法求解极限承载力。这时,按式 (7.3.4), $N_q = 1.0$, N_c 为不确定,可以用数学中的罗彼塔法则求解。对式(7.3.5)应用罗彼塔法则,得

$$\lim_{\varphi\to 0} N_c = \lim_{\varphi\to 0}\frac{\dfrac{d}{d\varphi}\left\{\left[\tan^2\left(45° + \frac{\varphi}{2}\right)\right]e^{\pi\tan\varphi} - 1\right\}}{\dfrac{d}{d\varphi}(\tan\varphi)} = \pi + 2 = 5.14 \tag{7.3.6}$$

这时地基的极限荷载为

$$p_u = q + 5.14c_u \tag{7.3.7}$$

普朗德尔的极限承载力公式与基础宽度无关,这是由于公式推导过程中不计地基土的重度所致,此外基底与土之间尚存在一定的摩擦力,因此普朗德尔公式只是一个近似公式。在普朗德尔和赖斯纳之后,不少学者在这方面继续进行了许多研究工作,根据不同的假设条件,得出各种不同的极限承载力近似计算方法,例如 K. 太沙基(Terzaghi,1943)等在普朗德尔的基础上作了修正和发展。

7.3.2 太沙基极限承载力

1. 条形基础(较密实地基)

太沙基公式是常用的求极限荷载的公式之一,适用于基底粗糙的条形基础。太沙基假定地基中滑动面的形状如图 7-7 所示,共分三区:

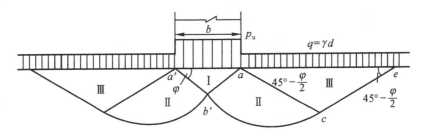

图 7-7　太沙基公式地基滑动面

Ⅰ区——基础下的楔形压密区,由于土与基底的摩阻力的作用,该区的土不进入剪切状态而处于压密状态,形成压实核,它与基底所成的角度为 φ。

Ⅱ区——滑动面按对数螺线变化,b 点处螺线的切线铅垂,c 点处螺线的切线与水平线成 $(45° - \frac{\varphi}{2})$ 角。

Ⅲ区——底角为与水平线成 $(45° - \frac{\varphi}{2})$ 角的等腰三角形。

根据Ⅰ区土楔体的静力平衡条件可导得太沙基极限承载力计算公式为

$$p_u = \frac{1}{2} N_r \gamma b + N_q \gamma d + N_c c \tag{7.3.8}$$

式中:N_r、N_q、N_c——承载力系数,无量纲,仅取决于土的内摩擦角 φ(见图 7-8 中的实线);

　　　b——基础宽度,m。

由式(7.3.8)及图 7-8 中曲线可看出:当 $\varphi > 25°$ 时,N_r 增加很快,说明对砂土地基,基础宽度对承载力影响大。反之,软黏土的 φ 角一般不大,$N_r \approx 0$,而 N_q 大致为 1,N_c 约为 5.7,则按式(7.3.8)得软黏土地基上条形基础的极限荷载为

$$p_u \approx 5.7 c_u + \gamma d \tag{7.3.9}$$

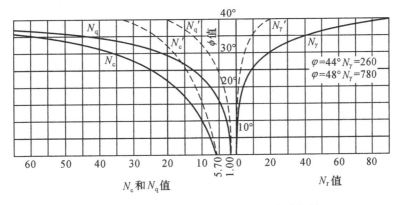

图 7-8　太沙基公式承载力系数(基底完全粗糙)

公式(7.3.8)适用于:1)地基土较密实;2)地基整体完全剪切滑动破坏,即载荷试验结果 $p\text{-}s$ 曲线上有明显的第二拐点 b 的情况,如图 7-9 中曲线①所示。

2. 条形基础(松软地基)

若地基土松软,载荷试验结果 $p\text{-}s$ 曲线没有明显拐点的情况,如图 7-9 中曲线②所示。太沙基称这类情况为局部剪损,此时极限荷载按式(7.3.10)计算:

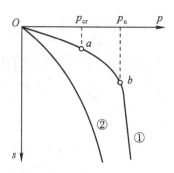

图 7-9 $p-s$ 曲线两种类型

$$p_u = \frac{1}{2}\gamma b N_r' + \frac{2}{3} c N_c' + \gamma d N_q' \qquad (7.3.10)$$

式中：N_r'、N_c'、N_q'——局部剪损时的承载力系数，根据内摩擦角 φ 值查图 7-8 中的虚线。

3. 方形基础

太沙基的地基极限荷载公式(7.3.8)，是由条形基础推导得来的。对于方形基础，太沙基对极限荷载公式做适当修正，按式(7.3.11)计算：

$$p_u = 0.4\gamma b_0 N_r + 1.2 c N_c + \gamma d N_q \qquad (7.3.11)$$

式中：b_0——圆形基础的直径。

4. 地基承载力

应用太沙基极限荷载公式(7.3.8)、公式(7.3.9)、公式(7.3.10)和公式(7.3.11)进行基础设计时，地基承载力为

$$f = \frac{p_u}{K}$$

式中：K——地基承载力安全系数，$K \geqslant 3.0$。

例题 7.3 饱和淤泥质黏土地基，天然含水量 $w = 40\%$，孔隙比 $e = 1.25$，重度 $\gamma = 18 kN/m^3$，地下水位与地面齐平，基础底面为方形，宽 $b = 4m$，基础埋深 $d = 1.5m$，室内三轴试验测得：(1)不固结不排水试验指标 $c_u = 10kPa$，$\varphi_u = 0$；(2)固结不排水试验指标 $c_u = 5kPa$，$\varphi_{cu} = 15°$；(3)固结排水试验指标 $c' = 0$，$\varphi' = 27°$，试用太沙基公式求三种不同排水条件下地基的极限承载力。

解 (1)采用不固结不排水抗剪强度指标 $\varphi_u = 0$ 由图 7-8 查得承载力系数：

$N_c = 5.7$，$N_q = 1$，$N_r = 0$

$p_u = 0.4 \times 8 \times 4 \times 0 + 1.2 \times 10 \times 5.7 + 8 \times 1.5 \times 1 = 80.4$ (kPa)

(2)采用固结不排水抗剪强度指标 $\varphi_{cu} = 15°$，由图 7-8 查得承载力系数：

$N_c = 13$，$N_u = 5.3$，$N_r = 2$

$p_u = 0.4 \times 8 \times 4 \times 2 + 1.2 \times 5 \times 13 + 8 \times 1.5 \times 5.3 = 167.2$ (kPa)

(3)采用固结排水剪强度指标 $\varphi' = 27°$，由图 7-8 查得承载力系数：

$N_c = 27$，$N_q = 15$，$N_r = 16$

$p_u = 0.4 \times 8 \times 4 \times 16 + 1.2 \times 0 \times 27 + 8 \times 1.5 \times 15 = 384.8$ (kPa)

可以看出，用不同排水条件得出的抗剪强度指标，计算得极限承载力相差很大，若荷载加得快，排水条件差，取不固结不排水抗剪强度指标计算地基的极限承载力。荷载加得慢，排水条件好，取固结排水抗剪强度指标地基的极限承载力。

地基土的物理力学指标很多,与地基极限荷载有关的主要是土的强度指标 φ, c 和重度 γ。地基土的 φ, c, γ 越大,则极限荷载 p_u 相应也越大。其中,土的内摩擦角 φ 的大小,对地基极限荷载的影响最大。如 φ 越大,即 $\tan(45° + \frac{\varphi}{2})$ 越大,则承载力系数 N_r, N_c, N_q 都大,对极限荷载 p_u 计算公式中三项数值都起作用,故极限荷载值就越大。

例题 7.4 已知路堤填土性质:$\gamma_1 = 18.8 \text{kN/m}^3$,$c_1 = 33.4 \text{kPa}$,$\varphi_1 = 20°$。地基土(饱和黏土)性质:$\gamma_2 = 15.9 \text{kN/m}^3$,土的不排水抗剪强度指标为 $c_u = 22 \text{kPa}$,$\varphi_u = 0$,土的固结排水抗剪强度指标为 $c_d = 4 \text{kPa}$,$\varphi_d = 22°$。验算路堤下地基承载力是否满足要求(如图 7-10 所示)。采用太沙基公式计算地基极限荷载(取安全系数 $K = 3$)。计算时,要求按下述两种施工情况进行分析:

(1)路堤填土填筑速度比荷载在地基中所引起的超孔隙水压力的消散速率快;

(2)路堤填土施工速度很慢,地基土中不引起超孔隙水压力。

解 将梯形断面路堤折算成等面积和等高度的矩形断面,如图 7-10 中虚线所示,求得其换算路堤宽度 $b = 27 \text{m}$,地基土的有效重度为

$$\gamma_2' = \gamma_2 - 10 = 15.9 - 10 = 5.9 \ (\text{kN/m}^3)$$

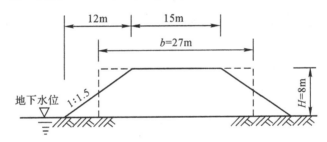

图 7-10 例题 7.4 附图

(1)分析路堤填土填筑速度很快的情况。

此时,路堤土和地基土处于不排水状态,故应采用不排水抗剪强度指标 $\varphi_u = 0$,由图 7-8 查得承载力系数:$N_r = 0$,$N_q = 1.0$,$N_c = 5.7$。已知:$\gamma_2' = 5.39 \text{kN/m}^3$,$c_u = 22 \text{kPa}$,$d = 0$,$q = \gamma_1 d = 0 \text{kPa}$,$b = 27 \text{m}$

用太沙基公式(7.3.8)计算极限荷载:

$$p_u = \frac{1}{2}\gamma b N_r + q N_q + c N_c$$

$$= \frac{1}{2} \times 5.9 \times 27 \times 0 + 0 \times 1 + 22 \times 5.7 = 125 \ (\text{kPa})$$

路堤填土压力 $p = \gamma_1 H = 18.8 \times 8 = 150.4 \ (\text{kPa})$

地基承载力安全系数 $K = \dfrac{p_u}{p} = \dfrac{125.6}{150.4} = 0.835 < 3$,故此路堤不能满足要求。

(2)路堤填土施工速度很慢的情况:此刻地基土处于充分排水状态,故应采用固结排水抗剪强度指标为 $c_d = 4 \text{kPa}$,$\varphi_d = 22°$。由图 7-8 得到承载力系数为

$$N_r = 6.8, N_q = 9.53, N_c = 20.6$$

$$p_u = \frac{1}{2} \times 5.9 \times 27 \times 6.8 + 0 + 4 \times 20.6 = 541.6 + 82.4 = 624.0 \ (\text{kPa})$$

地基承载力安全系数 $K = \dfrac{624.0}{150.4} = 4.15 > 3$,故地基承载力满足要求。

从上述计算可知,当路堤土填筑速度较慢,允许地基土中的超孔隙水压力能充分消散时,则能使地基承载力得到满足。当路堤填土填筑速度很快时,不但地基土地基承载力不能得到满足,路堤填土也填不高,这在工作实际中是经常碰到的。路堤不同的填土速度会得到不同的填土效果,这一点必须引起充分注意。

例题 7.5　黏性土地基上条形基础的宽度 $b = 2\text{m}$,埋置深度 $d = 1.5\text{m}$,地下水位在基础埋置高程处。地基土的比重 $G_s = 2.70$,孔隙比 $e = 0.70$,水位以上饱和度 $S_r = 0.8$,土的强度指标 $c = 10\text{kPa}$,$\varphi = 20°$。求地基土的临塑荷载 p_{cr} 并与太沙基极限荷载 p_u 相比较。

解

(1)地下水位以上土的天然重度:

$$\gamma_0 = \frac{G_s + S_r e}{1 + e} \times 9.8 = \frac{2.7 + 0.8 \times 0.7}{1 + 0.7} \times 9.8$$
$$= 18.79 \ (\text{kN/m}^3)$$

地下水位下的有效重度:

$$\gamma_1' = \left(\frac{G_s + e}{1 + e} - 1 \right) \times 9.8 = 9.8 \ (\text{kN/m}^3)$$

(2)求 p_{cr}

$$p_{cr} = \frac{\pi(\gamma_0 d + c \cdot \cot\varphi)}{\cot\varphi + \varphi - \dfrac{\pi}{2}} + \gamma_0 d$$

$$= \frac{3.14 \times (18.79 \times 1.5 + 10 \times \cot 20°)}{\cot 20° + \dfrac{20°}{180°} \times 3.14 - 1.57} + 18.79 \times 1.5$$

$$= 142.7 \ (\text{kPa})$$

(3)用太沙基法求极限荷载

$$p_u = \frac{\gamma_1 b}{2} N_r + \gamma_0 d N_q + c N_c$$

用 $\varphi = 20°$ 查图 7-8 得

$$N_r = 4.5 \quad N_q = 8 \quad N_c = 18$$

$$p_u = \frac{9.8 \times 2}{2} \times 4.5 + 18.79 \times 1.5 \times 8 + 10 \times 18$$

$$= 449.6 \ (\text{kPa})$$

对比 p_{cr} 与 p_u,可见临塑荷载的安全系数在 3 左右。

7.4　按规范确定的地基承载力特征值

地基承载力特征值 f_{ak} 是指,由载荷试验测定的地基土压力变形曲线线性变形阶段内规定的变形所对应的压力值,其最大值为比例界限值。

地基承载力特征值的确定,与许多因素有关。不仅与土的物理、力学性质有关,还与建筑物基础的形式、宽度、埋深、建筑物的类型、结构特点、安全等级,甚至施工速度均有关系。

《建筑地基基础设计规范》(GB 50007—2002)规定,地基承载力特征值可由载荷试验或其他原位测试、公式计算,并结合工程实践经验等方法综合确定。

7.4.1　按静载荷试验确定

1. 静载荷试验简介

静载荷试验对地基直接加载,几乎不扰动地基土,能获得荷载板下应力主要影响深度范围内土的承载力和变形参数。

静载荷试验法确定地基承载力特征值 f_{ak} 取 $p\text{-}s$ 曲线上的比例界限荷载值或取极限荷载值的一半。现行国标《建筑地基基础设计规范》(GB 50007—2002)确定地基承载力特征值的方法如下:

(1)当 $p\text{-}s$ 曲线上有明显的比例界限时,取该比例界限所对应的荷载值;

(2)当极限荷载小于对应比例界限的荷载值的 2 倍时,取极限荷载值的一半;

(3)当不能按(1)、(2)要求确定时,当压板面积为 $0.25\sim0.5m^2$,可取 $s/b=0.01\sim0.015$ 所对应的荷载,但其值不应大于最大加载量的一半。

同一土层进行的载荷试验点数,不应小于三处。试验实测值的极差不得超过平均值的 30%,取此平均值作为该土层的地基承载力特征值 f_{ak}:

2. 静载荷试验工程实例

(1)工程概况和地质条件

浙江西部衢州市安居工程四期总建筑面积约 $95000m^2$。整个场地共布置 22 幢住宅楼及沿街综合楼。层高为 1、2、3、6 层不等,其中住宅楼底层设架空层,采用浅基础。

建设场地属第四系上更新统冲积层,为衢江Ⅱ级阶地,原是桔树地,场地内有三条南北向贯通的农用灌溉水渠通过,地形略有起伏。土的物理力学性质指标见表 7-2。

表 7-2　土的物理力学性质指标

层序	土类	取土深度(m)	w(%)	ρ(g/cm³)	e	I_p	I_L	E_s(MPa)	a_{1-2}(MPa⁻¹)	c(kPa)	φ(°)	层厚(m)
(1)	耕植土											$0.2\sim1.5$
(2)	粉质黏土	$1.2\sim1.4$	18.2	2.05	0.56	7.0	0.24	9.6	0.16	85	8.0	
(2)	粉质黏土	$1.5\sim1.7$	19.4	1.97	0.58	14.0	0.53	10.4	0.15	81	20	$0.2\sim3.5$
(3)	粉砂	$2.0\sim2.2$	22.87	1.96	0.66	5.0	0.35	8.42	0.19	7	22	$0.2\sim3.1$
(4)	中砂	$2.3\sim2.5$	21.70	1.91	0.54			9.89	0.15	10	31	
(5)	砂卵石											

(2)试验概况

为了安全经济合理地设计该住宅区的地基基础,对黏质粉土和卵石层进行静载荷试验确定地基承载力。

根据工程地质勘察报告,对整个建筑场地的地质情况进行分区。静载荷试验点布置在有代表性的区域,共 15 处,具体布置见图 7-11 示。

1#、2#、3#、4#,5#、6#、7#、8#、12#、13#、14#、15#地基持力层为粉质黏土层

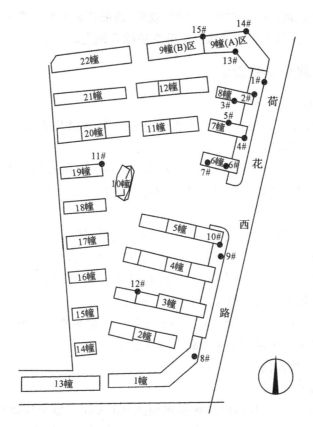

图 7-11　载荷试验点布置图

的测点,覆盖该场地从中部到东侧的大部分地区。

9♯、10♯、11♯地基持力层为卵石层的 3 个测点。

(3)静载试验方法

①承压板面积不应小于 0.25m²,对于软土不应小于 0.5m²。试验承压板直径为
570mm。

②试验基坑宽取 1800mm(试坑宽度 $B \geqslant 3b$,b 为载荷试验压板宽度或直径),如图 7-12
所示。

③开挖试坑,深度为基础设计埋深 d,压板底面与基础底面高程相同。应注意保持试验
土层的原状结构和天然湿度,在拟试压表面用不超过 20mm 厚的中、粗砂层找平,并使压板
中心与试验点中心保持一致。

④采用平台堆载法加载装置,如图 7-12 和 7-13 所示。采用精度为 1/100mm,最大量程
为 50mm 的 2 只百分表,对称布置在压板两侧,通过静止的基准梁作为参照物,以量测压板
在不同荷载作用下的沉降量。荷重测定则由千斤顶手动加压,高精度油压表数据显示测控。
按设计要求,试验最大荷载为 150～450kN,采用慢速维持荷载法。试验标准和方法按《建
筑地基基础设计规范》(GB 50007—2002)规定执行。

按国家标准《建筑地基基础设计规范》(GB 50007—2002)规定执行,具体方法为:

[1]加载分级:加荷等级不应少于 8 级。最大加载量不应少于地基承载力设计值 2 倍。
每级加载量取工程地质勘察报告预估试验最大荷载的 1/10,首次加 2 级,以后每次一级。

图 7-12　载荷试验堆载照片

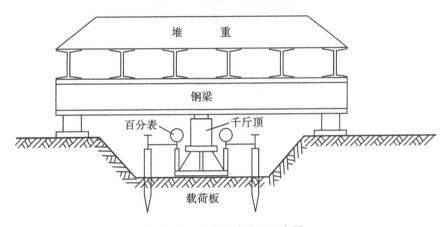

图 7-13　载荷试验装置示意图

[2]沉降观测:按间隔 10,10,10,15,15min,以后为每隔半小时测读一次沉降,当连续 2 小时内,每小时沉降量小于 0.1mm 时,则认为已趋稳定,可加下一级荷载。

[3]终止加载条件:

a.承压板周围的土明显地侧向挤出;

b.沉降 s 急骤增大,荷载—沉降(Q-s)曲线出现陡降段;

c.在某一级荷载下,24 小时内沉降速率不能达到稳定标准;

d. $s/b \geqslant 0.06$(b 为承压板直径)。

(4)13♯、14♯、15♯测点载荷试验结果

13♯、14♯、15♯测点地质剖面见图 7-14 所示,13♯、14♯、15♯测点荷载—沉降(p-s)曲线见图 7-15。

从图 7-15 的 p-s 曲线可见荷载与沉降量(p-s)大致可分为三个变形阶段:

a.直线变形阶段(即压密阶段)

b.局部剪切破坏阶段:地基土在压板边缘下局部范围发生剪损,压板下的土体出现塑性变形区。随着荷载的增加,塑性变形区逐渐扩大,压板沉降量显著增大。

c.完全破坏阶段:压板连续急剧下沉,地基已丧失稳定。

该楼 13♯、14♯、15♯三个测点的极限荷载分别为 60kN、80 kN、90 kN,见图 7-15,小于对

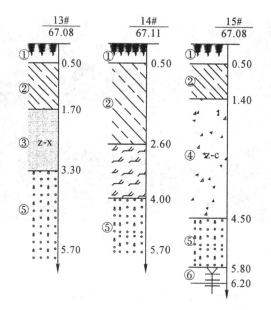

图 7-14　13 # 、14 # 、15 # 测点地质剖面

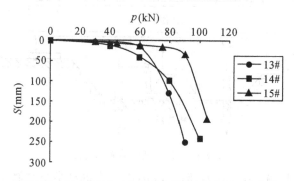

图 7-15　13 # 、14 # 、15 # 测点荷载—沉降(p-s)曲线

应比例界限荷载的 2 倍,根据规范《建筑地基基础设计规范》(GB 50007—2002)规定,其承载力基本值取为极限荷载的一半,分别为 118kPa、157kPa、177kPa,取此平均值作为该土层的地基承载力特征值,即 $f_{ak}=\dfrac{1}{3}(f_{ak1}+f_{ak2}+f_{ak3})=150\text{kPa}$,最大级差 21%,符合规范要求。

3. 地基承载力特征值的深度、宽度修正

地基承载力除了与土的性质有关外,还与基础底面尺寸及埋深等因素有关。当基础宽度大于 3m、埋深大于 0.5m 时,由静载荷试验及触探试验等方法确定的地基承载力特征值,尚应按下式进行宽度、深度修正:

$$f_a=f_{ak}+\eta_b\gamma(b-3)+\eta_d\gamma_m(d-0.5) \tag{7.4.1}$$

式中:f_a——修正后地基承载力特征值,kPa;

f_{ak}——地基承载力特征值,kPa;

η_b、η_d——基础宽度和埋深的承载力修正系数,按基底下土类查表 7-3 确定;

γ——基底以下土的重度,地下水位以下取浮重度,kN/m³;

b——基础底面宽度,m,当基底宽小于 3m 按 3m 考虑,大于 6m 按 6m 考虑;

γ_m—— 基础底面以上土的加权平均重度($\gamma_m = \dfrac{\sum \gamma_i h_i}{\sum h_i}$，$\gamma_i$，$h_i$ 分别为第 i 层土的重度

和厚度)，地下水位以下取浮重度，kN/m^3；

d——基础埋置深度，m，一般自室外地面起算。在填方整平地区，可以填土地面起算，但填土在上部结构施工后完成时，应从天然地面起算。对于地下室，如采用箱形基础或筏基时，基础埋置深度自室外地面起算，独立基础或条形基础时，应从室内地面起算。

表 7-3　承载力修正系数

土的类别		η_b	η_d
淤泥和淤泥质土		0	1.0
人工填土 e 或 I_L 大于等于 0.85 和黏性土		0	1.0
红黏土	含水比 $\alpha_w > 0.8$	0	1.2
	含水比 $\alpha_w \leqslant 0.8$	0.15	1.4
大面积 压实填土	压实系数大于 0.95、黏粒含量 $\rho_c \geqslant 10\%$ 的粉土	0	1.5
	最大干密度大于 2.1t/m³ 的级配砂石	0	2.0
粉土	黏粒含量 $\rho_c \geqslant 10\%$ 的粉土	0.3	1.5
	黏粒含量 $\rho_c < 10\%$ 的粉土	0.5	2.0
e 及 I_L 均小于 0.85 的黏性土		3.0	1.6
粉砂、细砂(不包括很湿与饱和时的稍密状态)		2.0	3.0
中砂、粗砂、砾砂和碎石土 0.32.0		3.0	4.4

注：①强风化和全风化的岩石，可参照所风化成的相应土类取值，其他状态下的岩石不修正；②地基承载力特征值
　　按深层平板载荷试验确定时 η_d 取 0。

7.4.2　按土的抗剪强度指标确定

土的抗剪强度指标确定地基承载力特征值的公式种类很多，《建筑地基基础设计规范》(GB 50007—2002)中采用以地基临界荷载 $p_{\frac{1}{4}}$ 为基础的理论公式计算，地基承载力特征值：

$$f_{ak} = M_b \gamma b + + M_d \gamma_m d + M_c C_k \qquad (7.4.2)$$

式中：γ——地基土的重度，地下水位以下取浮重度；

b——基底宽度，大于 6m 时，按 6m 考虑，对于砂土小于 3m 按 3m 考虑；

M_c、M_d、M_b——承载力系数，由土的内摩擦角标准值按表 7-4 取；

c_k——基底下一倍基宽的深度内土的黏聚力标准值。

表 7-4　承载力系数 M_c、M_d、M_b

土的内摩擦角 标准值 φ_k (°)	M_c	M_d	M_b	土的内摩擦角 标准值 φ_k (°)	M_c	M_d	M_b
0	3.14	1.00	0	22	6.04	3.44	0.61
2	3.32	1.12	0.03	24	6.45	3.87	0.80
4	3.51	1.25	0.06	26	6.90	4.37	1.10
6	3.71	1.39	0.10	28	7.40	4.93	1.40
8	3.93	1.55	0.14	30	7.95	5.59	1.90
10	4.17	1.73	0.18	32	8.55	6.35	2.60

续表

土的内摩擦角标准值 φ_k(°)	M_c	M_d	M_b	土的内摩擦角标准值 φ_k(°)	M_c	M_d	M_b
12	4.42	1.94	0.23	34	9.22	7.21	3.40
14	4.69	2.17	0.29	36	9.97	8.25	4.20
16	5.00	2.43	0.36	38	10.80	9.44	5.00
18	5.31	2.72	0.43	40	11.73	10.84	5.80
20	5.66	3.06	0.51				

公式(7.4.2)适用于偏心距 $e \leqslant 0.033b$ 的条件。

按理论公式计算地基承载力时,对计算结果影响最大的是土抗剪强度指标的取值。一般应采取质量好的原状土样以三轴压缩试验测定,且每层土的试验数量不得少于 6 组。

按土的抗剪强度确定地基承载力特征值没有考虑建筑物对地基变形的要求,因此还应进行地基变形验算。

思考题

7-1 地基有哪几种破坏形式,它与土的性质有何关系?

7-2 什么叫临塑荷载?什么条件下使用临塑荷载?若以临塑荷载作为修正后地基承载力特征值是否需要考虑安全系数,为什么?

7-3 地基临界荷载的物理概念是什么?中心荷载与偏心荷载作用下,临界荷载有何区别?建筑工程设计中,是否可直接采用临界荷载为地基承载力而不加安全系数?这样设计的工程是否安全?为什么?

7-4 影响极限荷载大小有哪些因素?其中什么因素影响最大?

7-5 用条形基础推导出的极限荷载公式直接用于方形基础、圆形基础极限承载力计算,是偏于安全还是不安全?为什么?

7-7 地基承载力特征值确定有哪几种方法?各有什么优缺点?

7-8 静载荷试验如何确定地基承载力特征值?

7-9 为什么按地基强度理论公式确定的承载力值是修正后地基承载力值?

习 题

7-1 某办公大楼设计砖混结构条形基础。基底宽 $b=3.0$m,基础埋深 $d=2.0$m,地下水位接近地面。地基为砂土,饱和重度 $\gamma_{sat}=21.1$kN/m³,内摩擦角 $\varphi=30°$,荷载为中心荷载。求:①地基的临界荷载;②若基础埋深 d 不变,基底宽度 b 加大一倍,求地基临界荷载;③若基底宽度 b 不变,基础埋深加大一倍,求地基临界荷载;④由上述三种情况计算结果,可以说明什么问题?

7-2 某宿舍楼采用条形基础底宽 $b=2.0$m,埋深 $d=1.2$m。每米荷载包括基础自重在内为 500kN。地基土的天然重度为 20kN/m³,黏聚力 $c=10$kPa,内摩擦角 $\varphi=25°$。地下水位埋深 8.50m。问地基稳定安全系数有多大?

7-3 某仓库为条形基础,基底宽度 $b=3.0$m,埋深 $d=1.0$m,地下水位埋深 8.5m,土的天

然重度 $\gamma=19.0kN/m^3$，黏聚力 $c=10kPa$，内摩擦角 $\varphi=10°$，试求：(1)地基的极限荷载；(2)当地下水位上升至基础底面时，极限荷载有何变化？

7-4　某综合楼设计基础长 $l=30m$，基础宽 $b=2.4m$，埋深 $d=1.2m$。地基表层为人工填土，天然重度 $\gamma_1=18.0kN/m^3$，层厚 1.20m；第②层为饱和软土，天然重度 $\gamma_2=19.0kN/m^2$，内摩擦角 $\varphi=0$，黏聚力 $c=16kPa$。地下水位埋深 1.4m。计算综合楼地基极限荷载和地基承载力。

参考文献

[1] 陈希哲.土力学地基基础.北京:清华大学出版社,1997

[2] 陈希哲.土力学地基基础工程实例.北京:清华大学出版社,1982

[3] 中华人民共和国国家标准编写组.土工试验方法标准(GBT 50123—1999).北京:中国建筑工业出版社,1999

[4] 中华人民共和国国家标准编写组.建筑地基基础设计规范(GB 50007—2002).北京:中国建筑工业出版社,2002

[5] 费勤发,马海龙.饱和软土中排土桩桩侧摩阻力时效问题研究.苏州城建环保学院学报,1995,8(4),35—40

[6] 王成华.土力学原理.天津:天津大学出版社,2002

[7] 张振营.土力学题库及典型题解.北京:中国水利水电出版社,2001

[8] 刘春原.工程地质学.北京:中国建材工业出版社,2004

[9] 周汉荣,赵明华.土力学地基与基础.北京:中国建筑工业出版社,1997

[10] 孔德坊.工程岩土学.北京:地质出版社,1991

[11] 东南大学,浙江大学,湖南大学,苏州城建环保学院编.土力学(第一版).北京:中国建筑工业出版社,2001

[12] 张钦喜主编.土质学与土力学(第一版).北京:科学出版社,2005

[13] 袁聚云,徐超,赵春风等.土工试验与原位测试.上海:同济大学出版社,2004

[14] 南京水利科学研究院土工研究所.土工试验技术手册.北京:人民交通出版社,2003

[15] 钱家欢,殷宗泽.土工原理与计算(第二版).北京:中国水利水电出版社,1996

[16] 陈仲颐,周景星,王洪瑾.土力学.北京:清华大学出版社,1994

[17] 龚晓南主编.土力学.北京:中国建筑工业出版社,2002

[18] 刘成宇主编.土力学.北京:中国铁道出版社,1990

[19] 华南理工大学,东南大学,浙江大学,湖南大学.地基及基础(第三版).北京:中国建筑工业出版社,1998

[20] 太沙基.理论土力学.徐志英译.北京:地质出版社,1960

[21] 陈祖煜.土质边坡稳定分析——原理·方法·程序.北京:中国水利水电出版社,2003

[22] 王泽云,刘永户,崔自治,阮永芬.土力学.重庆:重庆大学出版社,2002

[23] 马虹.土力学及地基基础.北京:中国建材工业出版社,2002

[24] 董建国,沈锡英,钟才根.土力学与地基基础.上海:同济大学出版社,2005

［25］赵明华,俞晓.土力学与基础工程.武汉:武汉理工大学出版社,2000

［26］张克恭,刘松玉等.土力学.北京:中国建筑工业出版社,2001

［27］王铁儒,陈云敏等.工程地质及土力学.武汉:武汉大学出版社,2001

［28］杨迎晓,吾独龙,朱向荣.衢州安居工程四期地基承载力试验研究.土木工程学报,
        2004,10